跟老婆一起带孩子（0到3岁）

英国前突击队员、明星奶爸亲身传授育儿技巧

〔英〕尼尔·辛克莱（Neil Sinclair）◎著　　张晓楠◎译

COMMANDO DAD
Basic Training

中国友谊出版公司

图书在版编目（ＣＩＰ）数据

跟老婆一起带孩子：0到3岁 / （英）尼尔·辛克莱
著；张晓楠译. -- 北京：中国友谊出版公司，2018.1
书名原文: Commando Dad: Basic Training
ISBN 978-7-5057-4143-0

Ⅰ.①跟… Ⅱ.①尼…②张… Ⅲ.①婴幼儿-哺育
-基本知识 Ⅳ.①TS976.31

中国版本图书馆 CIP 数据核字（2017）第 196433 号

著作权合同登记　图字：01-2017-6901

书名	跟老婆一起带孩子：0到3岁
作者	［英］尼尔·辛克莱
译者	张晓楠
出版	中国友谊出版公司
发行	中国友谊出版公司
经销	新华书店
印刷	北京市兆成印刷有限责任公司
规格	880×1230 毫米　32 开
	7 印张　160 千字
版次	2018 年 1 月第 1 版
印次	2018 年 1 月第 1 次印刷
书号	ISBN 978-7-5057-4143-0
定价	39.80 元
地址	北京市朝阳区西坝河南里 17 号楼
邮编	100028
电话	（010）64668676

致我的小部队：我的妻子，塔拉，感谢你的支持和帮助；我的"宝宝兵"，山姆，裘德，利伯蒂，写这本书让我重温了曾经的美妙探险。谢谢你们让我拥有这么多美好的回忆，期待未来我们能创造更多的美丽记忆。

作者的话

我是一个全职爸爸，同时也是英国注册幼儿托管人。本书中列出的所有技巧都已由我亲自尝试验证。有关婴幼儿健康和安全的文字都已经过医疗卫生专业人士审查和认可，以确保本书所含信息准确无误并与出版时的通行观念和做法保持一致。但是，对于因不当使用此书所含信息所致的任何伤害，出版商、作者及专家均不承担任何责任。婴儿护理指南和标准是经常变化的。本书不能代替医疗卫生专业人士的建议或是你们依据常理做出的判断。

本书内容已经以下人士审核：

瑞琪·杰西：营养治疗师，英国自然疗法医学院毕业，英国营养治疗师协会会员

萨利·乔丹：注册全科护士，健康访视员

雅安·梅格 – 琼斯医生：内外全科医学士

戴蒙·马略特：宝得适卓越中心认证儿童安全顾问

谨向萨拉·索斯比致谢。

《跟老婆一起带孩子（0 到 3 岁）》使用说明

《跟老婆一起带孩子（0 到 3 岁）》是为身在"战场"、积极与老婆一起投身育儿演习的爸爸所写。因此，我花了一番心思，将诸多重要信息囊括于这本书中。

本书设有配套互动网站 www.commandodad.com 以提供必要的支持与服务。此书会指引你去该网站查找更多相关信息，包括尿布的不同类型、如何查找更多资源、如何哄孩子入睡等。网站以简短实用的"如何"操作类视频为主，会教给你们如何抱"宝宝兵"、如何给"宝宝兵"洗澡和拍嗝等重要技巧。当然，还有关键的"如何换尿布"视频。此网站还包括大量其他资源，对新手爸爸很有用处。请登录网站查询相关信息，并加入论坛向我和其他突击队员爸爸分享你的感受。

在本书中，我使用了很多军事术语以及我在多年陪老婆带孩子生涯中自创的词汇。我在每章后都设置了术语表，用于解释相关术语。

本书中最重要的术语是：

- 宝宝兵：婴儿士兵。不能自由行动的士兵（宝宝）。
- 机动士兵：能够挪步、爬行、站立和行走的士兵。

书中的"士兵"指一般意义上的宝宝。

我在此书中也会使用图表，以尽量使本书内容明白易懂（且语言简练）。

目　录

第 5 章 营养：兵马未动，粮草先行

第 6 章 长效指令：培养生活规律

简　介

致所有爸爸（以下称"突击队员爸爸"）：

本书正是为你们而写。

我当过英国皇家陆军工兵部队突击队员，担任过体育老师，也曾是英国驻纽约联合国代表团保安，还是全职爸爸和英国注册幼儿托管人。坦白说，我这辈子很少有把大儿子从医院接回家时那样忐忑不安的感觉。

所有育儿书和培训班都只讲到宝宝出生。紧接着，突然间，你和老婆就带着宝宝回了家，接管了战场。

我那会儿常想，要是给我一本"宝宝兵"基础训练手册，就像入伍时部队发的手册那样，生活就会容易得多了。随便哪个士兵都会告诉你，军械库最佳武器之一就是在入伍当天领到的指导如何作战的《基础战斗技巧》。从怎么刮胡子到如何准确估计目标距离，这本手册无所不包，还能为成为一流士兵所需的实用技能打下基础。

我到处找类似的手册，可市面上针对新手爸爸的书要么是故作新奇（相信我吧，朋友们，如果对你来说看孩子就是负责搞笑，那你可搞错了），要么就是文字冗长、难以操作。"宝宝兵"半夜三更在你怀里大哭大叫的时候，你需要的肯定不是 700 页描述情绪的文字。

我认定，我需要的是一本给父母，尤其是给爸爸看得明白，易懂的，跟老婆一起带孩子的基础训练手册。

朋友们，你们手上的就是这样一本手册。

情绪确实重要。不过，"宝宝兵"出生几秒钟内你就会明白自己的感受了。我感受到了爱、恐惧、困惑、挫败和敬畏，这一切都发生在宝宝出生一小时内。而本书的目的在于帮你了解该帮助老婆做什么。

《跟老婆一起带孩子》是一本基础训练手册，因此，我只能帮你这么多，其余就看你的了。要想成为战斗力强大的爸爸，除了这本手册，还需辅以大量的实操经验。勇敢地迈出一步，行动起来。这就是我要说的突击队员爸爸准则第一条：

★ ★ ★

突击队员爸爸要亲力亲为。

你现在还感觉不到，可实际上，你能和孩子共度的时光短得惊人。从孩子出生到 5 岁入学，才不到 2000 天。而大概 7000 天后，他们就要满 18 岁了。

　　也许，你不是全职照顾孩子；也许，你只有周末或是晚上才能看到孩子。这些都不重要。重要的是，你要确保和孩子共度的每一段时光都是有意义的。最好的办法就是像执行军事任务一样一丝不苟地照看孩子。

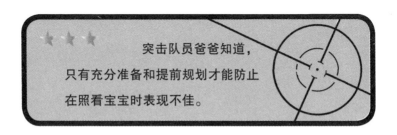

突击队员爸爸知道，
只有充分准备和提前规划才能防止
在照看宝宝时表现不佳。

　　以你的小分队为荣。树立对自身技能的自信，减少不必要的压力和担忧。做好充分准备。找到与突击队员爸爸身份相适应的行事方式。你也许会觉得这一切很不容易——但值得一试的事情从来都不容易。

　　对孩子来说，爸爸扮演了多重角色，且往往介于英雄、榜样和保护者之间。从现在开始，你将承担起这些责任。为了自己——以及你的"士兵"——你要努力做到最好。就是现在！我们开始训练吧！

前　言

大多数夫妻作为父母的新生活是从接宝宝出院回家开始的，这自然令人兴奋。然而，对幼小新生命的强烈责任感往往让人手足无措。经过最初几天乃至几周后，他们就会发现，突然之间，不管做什么，似乎都需要极强的组织能力。照顾婴幼儿的难度简直堪比军事行动！

尼尔·辛克莱曾是英国皇家陆军工兵部队的一名突击队员，对各类军事行动了如指掌。从军人变身为全职爸爸后，他发现，一本明白易懂的参考手册相当重要。

《跟老婆一起带孩子》应运而生。本书是一本极佳的新式育儿手册，简明、小巧，为家有婴儿期和学步期宝宝的父母提供了大量分步指导。本书采用军用手册的形式，别出心裁，读来令人忍俊不禁。并且，书中针对大小事务提供了简单、明确的指导，从建设大本营（在宝宝出生前把家里收拾妥当）到拆弹（处理脏尿裤）无所不包。

身为家庭医生，我经常遇到因育儿而倍感压力的新手爸妈。

而且，我的孩子们也才十几岁，我还不曾忘记养育小宝宝的艰难。我强烈推荐这本书。它一定会成为每个新手爸爸背包里经常翻阅的心爱之物。

雅安·梅格-琼斯，内外全科医学士

第1章

先遣队:建设大本营

摘要：

你的生活将会发生翻天覆地的变化。尽可能提前做好准备，你最好现在节约一下你的时间和精力。因为未来几个月里，你会发现时间、精力都远不够用。

目标：

经过简短介绍，你将更好地了解：

- 如何为"宝宝兵"搭建大本营。
- 准备接"宝宝兵"回大本营的必需品。
- 接"宝宝兵"出院回家的必需品。

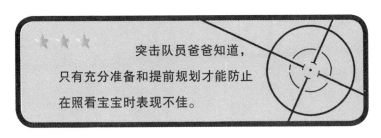

★ ★ ★ 突击队员爸爸知道，
只有充分准备和提前规划才能防止
在照看宝宝时表现不佳。

在"宝宝兵"出生前大约 6 周开始准备搭建大本营。你
需要：

- 清洁。
- 规划。
- 准备。
- 为"宝宝兵"和宝宝兵用具划定区域。

清洁

目标是彻底清洁——而非消毒——"宝宝兵"所处环境。不
要妄想彻底消灭细菌。你又不是要开战地医院。即使有可能创造
无菌环境（这不可能），这也是无法持续的。将随时清洁和整理
作为新的标准操作规程。

清洁"宝宝兵"的房间

"宝宝兵"出生后至少 6 个月内是不太可能自己睡一个屋子
的。不过，我还是建议在"宝宝兵"抵达大本营前，趁你还有空
闲的时候完成深度清洁。

切记：

- 擦净墙壁
- 清洁地毯
- 去灰、擦亮

切勿：

- 在"宝宝兵"抵达大本营不久之前给宝宝的卧室刷漆。气味可能有害健康。
- 使用刺鼻的化学品。

清洁"宝宝兵"会接触到的表面，包括：

- 婴儿房家具
- 尿布台
- 婴儿浴盆

保持双手清洁。指甲要剪短，不留泥垢。

规划

大本营必备——需准备的物品

纸尿裤相关用品

- 纸尿裤。如果计划使用一次性纸尿裤，请购买 NB 码及后续码数。"宝宝兵"长得很快。
- 如果计划使用布尿布，请务必刷新有关尿布类型的知识储备。在知道"宝宝兵"体重前不要大量购买尿布，以免后期发现布尿布并不适合。这样可以节省一大笔尿布的先期费用。
- 婴儿湿巾或棉片。

- 护臀膏。

- 隔尿垫。

- 可以准备一个尿裤包。对"拆弹"有帮助，但并非必需。如果没有尿裤包，任意小塑料袋都可以作为替代品——最好是用可生物降解的塑料袋。

服装

- 6件三角哈衣、6件带按扣的一件式连体衣。这些衣服实用、舒适，换尿裤也很方便。

- 6双袜子，用于没穿连脚一件式连体衣时穿着（请注意，宝宝们经常会把袜子踢掉）。

- 3副防抓手套，防止"宝宝兵"抓伤脸蛋。

- 3件开襟毛衣或棉质外套。相比一层厚重的衣服，穿几层薄衣服更保暖。

- 3顶保暖用的棉质帽子（大量热量会从头部流失）。如果天气较冷，需准备柔软保暖的户外帽子。

- 2条婴儿毯，或者是抱毯。这种毯子比婴儿床用毯要小，用于日间给"宝宝兵"保暖。

喂养用品

- 如果采用母乳喂养，吸奶器、防溢乳垫和乳头霜都很有用。

- 如果无法母乳喂养，可以考虑奶瓶喂养。目前，政府推荐尽可能母乳喂养。

- 2 只奶瓶。实际需要的奶瓶更多（最好准备 8 只奶瓶以确保随时有干净奶瓶可用），但你得知道"宝宝兵"是否喜欢你挑选的奶瓶。挑选奶瓶和奶嘴很容易踩到雷区。

- 备用奶嘴。在确定"宝宝兵"喜欢的奶瓶后，一定要备好备用奶嘴。奶嘴如有磨损或撕裂，应立即丢弃。

- 2 把奶瓶刷。

- 任意消毒用具。关于消毒用具的更多信息，请参见第 2 章。

- 如有需要，可准备一个保温瓶套，以便外出没有户外厨房但需给奶瓶保温时使用。

洗澡用品

- 婴儿沐浴露和洗发露。使用需节制。购买使用无泪配方的品牌。

- 柔软的法兰绒毯和毛巾。

- 如有必要，可准备泡沫塑料洗澡架。

- 婴儿浴盆。

睡眠用品

- 婴儿睡篮或婴儿床，并配备紧密贴合的新床垫。床垫四周留有缝隙会很危险。不要使用旧床垫，否则可能有风险。

- 室内温度计。

- 如有需要，可准备婴儿监控器。

寝具

- 3件配套的婴儿床床单（四角带有松紧）或能披紧的床单。
- 4条柔软的棉质薄毯和2条洞洞毯（透气线毯）。多层盖毯有利于调节"宝宝兵"体温。

急救用品

- 数字耳温计。
- 儿科用对乙酰氨基酚（适用于2月龄及以上）和儿科用布洛芬（适用于3月龄及以上）。仔细阅读说明，确认"宝宝兵"符合给药的体重和年龄要求。早产儿年龄应从预产期起算。
- 婴儿用注射器（用于喂药）。
- 抗菌湿巾或酒精消毒湿巾，用于清洁脐带残端。

以上急救用品用于补充急救箱。急救箱内应有消毒药膏、橡皮膏和绷带等物品。更多相关信息请参见第8章。

出行物品

购买前仔细了解市售的所有出行物品。相关建议和诀窍请参见第10章。

- 汽车安全座椅应符合安全标准并能安全牢固地安装于车内。大宝宝用过或亲友赠送的二手安全座椅也可使用，但务必确保座椅未损坏、未发生过交通事故。如不能确保这点，则不要从亲友处购买或接受二手安全座椅。仔细阅读厂家有关正确安装和使用寿命的说明。部分厂家建议安全座椅在超过一定时间后不应继续使用。请勿给宝宝使用不安全的安全座椅，否则后果不堪设想。

- 婴儿背带。
- 折叠式婴儿推车。短时间内用不到。

婴儿房家具

所有家具都可购买二手家具。如果购买新家具，应要求至少在预产期一个月前送货。

- 舒适的椅子（可以坐着喂宝宝、陪宝宝玩和安抚宝宝）。
- 柔和的照明（低瓦数的小床头灯也可胜任）。深更半夜时亮起"大灯"，你和宝宝都会被惊醒，精神起来。
- 遮光布或厚窗帘。
- 如有必要，可准备尿布台。我更喜欢不固定的换尿裤场所：我所有的尿裤装备都没有固定摆放，而且我会在任何稳固、安全的合适平面（如地板或床中间）给宝宝换尿裤。

安抚奶嘴

是否使用安抚奶嘴取决于你和你的"宝宝兵"。我的大孩子就完全不接受安抚奶嘴。可以给"宝宝兵"安抚奶嘴来安抚他的情绪或是帮助入睡，但尽量避免长时间使用。否则，不仅会减弱安抚奶嘴帮助入睡的功效，还会增加"宝宝兵"对安抚奶嘴的依赖性。如果你决定使用安抚奶嘴，医疗卫生专业人士建议使用正畸奶嘴，这种奶嘴对儿童牙齿发育的影响最小。

★ ★ ★
突击队员爸爸高度重视自己的职责。

创建安全的大本营

- 安装以及检查烟雾报警器。消防部门会免费提供此项服务，并检查您家中环境，就最佳安装位置给出建议。
- 在地毯下放置防滑衬垫。
- 在厨房安装灭火器。
- 绑好窗户和灯具开关垂下的线绳。
- 把低处的物品放到宝宝接触不到的地方。

确保大本营内没有对婴儿造成危险的物品

此项目在"宝宝兵"回到大本营之前不是非常必要，不过我还是建议趁现在对大本营进行侦察。如果大本营像障碍训练场一样布满障碍，请重新布置。最初几个星期里你基本睡不成什么觉，晚上还会经常到处走动。

腹部着地、匍匐前进，亲自体验确认需采取的措施。购买必需品，包括：

- 电源插座护罩，将不用的插孔盖起来。
- 用于咖啡桌之类尖锐边角家具的保护条。
- 如果你使用壁炉或取暖器，在孩子满 8 岁之前，为了保证安全，需要安装遮挡围栏。

突击队员爸爸重要提示

如果无需用楼梯防护门来隔离宠物和孩子，不要过早安装。否则，在最初几周内，楼梯防护门也会成为一大障碍。

准备

- 组装、组装、再组装。与各种婴儿房家具和新玩具战斗。学习如何组装——以及拆卸——推车和汽车安全座椅。
- 购买电池及备用电池。夜灯、婴儿摇椅和玩具都会用到电池。
- 烹饪并冷冻储藏。从现在开始，饭菜要做得超大份，把没吃完的冻起来。"宝宝兵"到家后，你就没时间做饭了。过度依赖快餐会影响你的热量摄入和情绪。所以，别那么干。合理建议请参考第 5 章。

- 记录重要的联络电话（助产士、医生、医疗服务直线电话等），存入手机，或是写在固定电话旁的本子上。

为"宝宝兵"及其用具划定区域

你得为新来的"宝宝兵"腾出空间：

- 在你的房间里划出一片区域给"宝宝兵"睡觉。婴儿死亡研究基金会建议，"宝宝兵"在出生 6 个月内应睡在父母房间里。确保大本营安全且不会对婴儿造成危险。关于如何准备婴儿床，请参考第 2 章。

- 挡住窗户缝隙和门缝的风。"宝宝兵"睡觉的房间要保持恒温，这很重要。利用室内温度计将房间温度控制在 16℃ ~ 20℃（华氏 61 ~ 68 度）。理想的温度是 18℃（华氏 64 度）。

- 不要把婴儿床放在紧邻取暖器、散热器的地方，也不要放在阳光直射处。

- 布置尿布台。此区域应含有给"宝宝兵"换尿裤所需的全部用品，包括水、棉片和尿裤包。我更喜欢移动尿布台，因为我家的"宝宝兵"总是一刻也不消停。理想状态下，你应该能一眼看到全部物品，以便及时发现需添置的物品。经常补充尿布台物品。我用一个带轮的卫生间储物架来充当移动尿布台。

- 布置哺乳台：在老婆感觉最为舒适的房间内布置一处喂奶场所。可以是一把舒适的椅子，一个 U 形靠枕，一个可以平稳放置饮品的地方，等等。此区域应含有哺乳所需全部用品。如果她喜欢在不同的房间哺乳，可以将哺乳台设为可移动式。

- 在大本营内划定合适的区域用于存放大件必需品，如成包的纸尿裤、汽车安全座椅、童车等。

从医院接"宝宝兵"回大本营的必备物品

衣物

柔软、透气、方便穿着的衣物。换言之，不带褶边和纽扣的棉质衣物。婴儿四肢很容易受凉，因此要包好手脚。基本原则是，若非天气炎热，"宝宝兵"应比成人多穿一层。

- 一件三角哈衣、一件连体衣、一顶帽子、袜子及防抓手套。
- 如果天气较为凉爽，可准备一两条婴儿毯。
- 如果天气寒冷，可带一件夹棉连体衣，但务必确保"宝宝兵"能舒服地安置在安全座椅内，不会造成不适。

换尿裤用品

- 多功能工具包，内含装清水的小容器和清洁用棉球。"宝宝兵"6个月内不建议使用湿巾。
- 纸尿裤。

出行物品

符合安全标准的汽车安全座椅。有关汽车安全座椅指南，请参见第10章。

本章用到的突击队员爸爸术语

大本营：家里。

拆弹：每晚将脏尿裤扔到外面的垃圾桶。

宝宝兵：婴儿士兵。不能自由行动的宝宝。

户外厨房：厨房。

侦察：为获取信息而采取的行动。文中指了解环境。

标准操作规程：必须始终按相同方式完成事务。

刷新知识储备：清楚了解所有相关信息以及待完成的任务
和行动。

第 2 章

新兵乍到:挺过 24 小时

摘要：

基础不代表简单。突击队员爸爸基础技能是成为高效"宝宝兵"看护者所需的关键技能。

目标：

经过简短介绍，你将更好地理解在大本营带着"宝宝兵"挺过最初 24 小时以及未来几周所需的技能：

- 如何抱"宝宝兵"。
- 如何换纸尿裤。
- 如何清洁脐带。
- 奶瓶的使用。
    - 如何给奶瓶消毒，如何冲泡（储存）、加热和冷却配方奶粉或母乳。
- 如何用奶瓶喂奶。
- 如何拍嗝。
- 如何准备婴儿床。
- 24 小时后。
    - 如何给"宝宝兵"洗澡。
    - 如何带"宝宝兵"外出。
- "宝宝兵"哭起来怎么办。
- 挺过 24 小时。

如何抱"宝宝兵"

- 抱"宝宝兵"的时候,双手分别放在他的头部和臀部下方,将他整个身体抱起。
- 从别人手里接过"宝宝兵"的时候,将一只手放在他的头部下方,另一只手放在他的身体下方。
- 抱着"宝宝兵"坐着的时候,将他的头部置于你的臂弯处,或是靠在你的肩膀上。一手撑住头部和脖子,另一手托住臀部。

切记:

- 随时都要托住"宝宝兵"的头部("宝宝兵"出生后至少一个月内无法撑住头部)。
- 动作要缓慢。

切勿:

- 动作粗暴地抱起或放下"宝宝兵"。

如何换纸尿裤

换纸尿裤黄金法则：

- 纸尿裤尿湿后应尽快更换，以免宝宝不适，并可防止尿布疹。

- 换纸尿裤手脚要快，以免"枪支走火"误伤到你。

- 男婴要擦净睾丸和阴茎四周，但不要向后推包皮。

- 女婴要从前向后擦，以防感染。

- 换纸尿裤时，要确保"宝宝兵"始终有人照看。

你需要：

- 稳定的平面。

- 隔尿垫（外出时需带上轻便隔尿垫或干净的毛巾）。只要一张干净的隔尿垫，很多合适的平面（地板，沙发、床等）都能变成适宜的换尿裤场所。

- 干净的纸尿裤。

- 洗净双手。

- 如有必要，需准备装脏纸尿裤的袋子。

- 干净的布或棉片，温水蘸湿。我不建议给 6 个月以内的"宝宝兵"使用湿巾。

很快，你就算闭着眼睛都能顺利完成这一套程序了。这对于夜间执勤（当你给"宝宝兵"喂奶或换纸尿裤不想开灯时）十分重要。现在嘛，还是睁着眼吧。

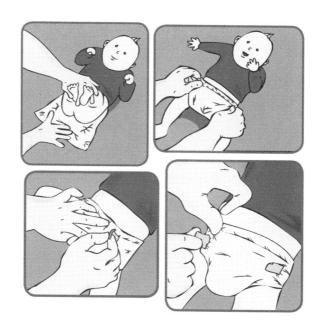

1. 准备好需要的物品，洗净双手，打开新纸尿裤。

2. 把"宝宝兵"放在干净、舒适、稳定的平面上。

3. 一手轻放于"宝宝兵"腹部，用另一只手拉开纸尿裤两侧的腰贴，打开穿着的纸尿裤前侧。

4. 用放在"宝宝兵"腹部的手轻轻拉住"宝宝兵"的脚踝，抬起臀部，用纸尿裤由前向后擦干净。合上纸尿裤，将"宝宝兵"臀部放回纸尿裤上。让"宝宝兵"待在穿过的纸尿裤上可以节省隔尿垫。

5. 用湿巾或清水给"宝宝兵"彻底清洗。一定要洗干净"宝宝兵"的肉褶子里面和后背。在脐带尚未脱落之前，需保持脐带干燥、清洁。下文会介绍一个有用的方法。

6. 再次抬起"宝宝兵"臀部，抽出脏纸尿裤，将打开的干净纸尿裤塞到身下。

7. 纸尿裤后面的腰贴应和"宝宝兵"肚脐在一条线上。扣好纸尿裤。注意不要扣得太紧。防漏尿得靠松紧裤腿，而不是系紧腰部。纸尿裤穿好后应没有勒痕。如果勒得太紧，说明纸尿裤太紧或太小。如脐带尚未脱落，需将纸尿裤腰头折下来。

8. 处理脏纸尿裤。把用过的湿巾或棉球包在脏纸尿裤里，紧紧地卷起来，用腰贴粘好。你可能得找个袋子装脏纸尿裤，尤其是遇到宝宝腹泻——或者叫它"榴弹炮"——的时候。即使使用尿裤包，也要每天彻底清理室内垃圾桶——这就是"拆弹"。

9. 给"宝宝兵"穿好衣服。

10. 清洗双手。

"宝宝兵"偶尔会在纸尿裤内发射"榴弹炮"。一旦出膛，无人能挡。"宝宝兵"可就要泡在屎汤里了。

突击队员爸爸重要提示

如果你像我一样使用移动尿布台，要养成习惯，尽量在宝宝不容易滚下去的地方换尿裤，例如床中间或地板上。从一开始就要养成这种习惯，以免宝宝会翻滚后酿成大错。

如何清理脐带

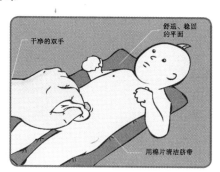

你需要：

- 稳固的平面
- 洗净双手
- 棉片，干净的温水

"宝宝兵"出生时带着一截残留的脐带。脐带会在出生一周左右自然脱落，露出肚脐眼。在此之前，脐带应保持干燥、清洁（以防感染）。每次更换纸尿裤时都需清洁脐带。

清洁脐带的办法很多。以下是我在自己的三个"宝宝兵"身上用过的方法：

- 动作要特别轻柔。不要拉扯脐带。必须让脐带下方的皮肤（会变成肚脐眼）自然愈合，否则"宝宝兵"有可能会感染。
- 保持脐带干燥。在脐带未脱落前，不要将"宝宝兵"全身浸入浴盆，擦浴即可。
- 将"宝宝兵"纸尿裤的腰头折下，以免摩擦或盖住脐带。

以下是正常现象：

- 脐带变黑、萎缩，看起来像是冻伤的指尖。

- 脐带粘在底部。

- 脐带脱落后，伤口一周左右愈合。

- 脐带有味道。

以下现象则不正常：

- 脐带有液体渗出。

- 脐带或腹部变红、肿胀。

若你对"宝宝兵"的脐带与任何疑问，请向医生、护士或药师等医疗团队征求建议。

奶瓶的使用

如何给奶瓶消毒

至少在"宝宝兵"一岁之前，由于免疫系统尚在发育，他们的奶瓶和安抚奶嘴均需消毒。

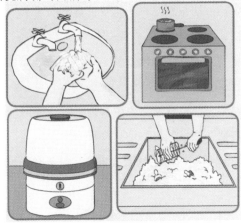

你需要：

- 洗净双手。

- 清洗剂（例如普通洗涤剂）。

- 奶瓶刷（消毒专用）。

- 你喜欢的消毒用品。

- 长柄锅（消毒专用）和水。

- 电动或微波蒸汽消毒锅。

- 冷水可用的消毒液。

我们不可能生活在一个完全无菌的环境里，但是，如果你没有仔细清洗奶瓶和安抚奶嘴，"宝宝兵"就可能生病。不要让小分队承受照顾患病"宝宝兵"的——可避免的——压力。以下是有关消毒的黄金法则：

1. 洗净双手。

2. 用热水、清洗剂和奶瓶刷彻底清洗奶瓶瓶身、瓶盖和奶嘴（如带有奶瓶圈，需一并清洗）。将奶嘴翻过来，刷洗内侧。冲洗瓶身、瓶盖和奶嘴。

3. 已裂缝的奶瓶应丢弃。

4. 采用以下任一种方法消毒：

   - 用长柄锅将所有奶瓶部件煮10分钟（但是，这种方法会导致奶嘴快速老化）。

   - 使用电动或微波蒸汽消毒锅。通常需几分钟。奶瓶置于消毒锅内可保持几个小时的无菌状态（请查阅厂家说明）。

○ 使用冷水可用的消毒液。奶瓶可在其中浸泡达 24 小时。需定期购买消毒药片。

5. 在接触已消毒物品前应洗净双手。使用前，将奶瓶置于消毒锅内或存放在冰箱里，以保持无菌状态。

洗碗机只适用于清洗奶瓶——但因其温度不够，无法消毒奶瓶。水煮沸后才能消毒奶瓶。

如何储存母乳

如果你的老婆需挤出乳汁，她应洗净双手并准备已消毒的干净容器来盛放母乳。若使用挤奶器，每次使用前必须消毒挤奶器并清洗干净。如果挤出的母乳在几小时或几天内就会喝完——母乳可存放于冰箱内，在 4℃ 下可以最多保存 3 天——最好是将母乳挤到已消毒的奶瓶内。若使用另外的已消毒容器，在喂奶前需将母乳盛放至干净的已消毒奶瓶内。

储存在冰箱内的母乳可能会分层。这是正常现象。轻摇即可。

母乳冷冻后可在冷冻室保存最多 3 个月。冷冻时可存放在已消毒的奶瓶或专用的塑料母乳保鲜袋内。母乳在冷冻过程中会膨胀，因此，不要装得过满。冷冻母乳在喂哺前应在冷藏室解冻。解冻的母乳不能再次冷冻。

如何冲奶粉

最好是在需要喂奶的时候才冲奶粉。将配方奶粉加入凉水，把奶瓶浸于温水中，或是使用暖奶器使奶粉温度达到体温水平。

你需要：

- 新生儿配方奶粉。

- 已消毒的奶瓶。

- 双手洗净，保持平稳。

配方奶粉的包装侧面都有厂家明确的冲泡说明。每次冲泡都要严格按照说明。这点没有商量的余地。不要随意猜测用量，太多或太少都会导致问题。奶粉加得太少无法提供充足的营养，太多则可能引起便秘或脱水。

为确保奶粉喂养的安全，请遵循以下建议：

1. 将水倒入奶瓶中。分量要准确。按说明要求在奶粉中加入凉水。

2. 用奶粉配的量勺量取奶粉。舀起后用干净的小刀轻敲量勺侧面，确保没有空气滞留（不要把奶粉压实）。用刀背把量勺内的奶粉刮平。

3. 拧好奶瓶，盖好奶瓶盖，充分摇动至奶粉完全融化。如果没有奶瓶盖，摇动时可用（非常干净的）指尖堵住奶嘴孔。

4. 按上文方法加热奶瓶。

根据"宝宝兵"的年龄冲泡适量的奶粉。奶粉冲好没喝完的要倒掉（剩余奶粉会滋生细菌）。

"宝宝兵"需要喝多少奶？

很遗憾，这个问题没有统一答案。你熟悉"宝宝兵"后就能分辨他们给出的"我饿了"和"我饱了"的提示，听他们的就好。在此之前，可以计算一个最低摄入量作为大概标准。"宝宝兵"的体重（以磅为单位）乘以2就是"宝宝兵"在24小时内需摄取的奶粉最少量（以盎司为单位）。

如何加热奶粉或母乳？

1. 如上文所述，"宝宝兵"喝的奶温应以体温为宜，不能高于此温度。

2. 不要用微波炉热奶。微波炉热奶速度快，但是加热不均。过热对母乳不好，而且会造成部分乳汁过烫而烫到"宝宝兵"。

3. 缓慢加热。把装有奶的奶瓶放在盛有热水（不要煮沸）的碗或浅盘内。

4. 拿出奶瓶，晃动奶瓶使热气分布均匀。

5. 在手腕内侧试一下温度。

6. 一定要特别小心。重复第4步和第5步，直到奶瓶温度适宜。

出门在外的话，尽量找一个厨房加热奶瓶。如果找不到，可以考虑买一个保温瓶套，这样在大本营把奶热好后就可以保温了。母乳可放置在布袋内、腋下或是置于室温下加热至体温。母乳放置超过一小时后应扔掉。

如何用奶瓶给"宝宝兵"喂奶

你需要：

- 洗净双手。

- 干净的奶瓶，装有新泡的奶粉或刚挤出的母乳。

- 找个舒服的地方坐下，这样，"宝宝兵"喝奶时你就不会动来动去打扰到他了。

喂奶姿势正确的话，"宝宝兵"就会咽下乳汁，但不会吸入空气。因此：

1. 喂奶时用胳膊撑住"宝宝兵"，让他能自如地呼吸和吞咽。任何时候都要撑住头部。至少在 6 个月前，"宝宝兵"无法支撑自己的头部。

2. 将奶瓶倾斜，让乳汁充满奶嘴，避免空气进入。

3. 把奶嘴顶在"宝宝兵"上唇。

4. 有时"宝宝兵"吮吸的力度过大，奶嘴会被吸扁，乳汁就不流动了。这时候只要轻轻扭转奶瓶使空气流通就可以了。

5. 如果"宝宝兵"吃奶时想歇会儿，就让他休息一下。这时可以轻轻地拍嗝。

6. "宝宝兵"吃完奶后，轻轻地为他拍嗝。

7. 倒掉没喝完的奶粉。把没喝完的母乳存放在已消毒的奶瓶内冷藏，奶嘴也要消毒。

如何给"宝宝兵"拍嗝

胀气很难受。不要让"宝宝兵"遭这个罪。因此，要养成喂奶后拍嗝的习惯。每次喂完都要拍。尽管看起来没什么用，轻轻地拍嗝实际上有助于减轻胃胀，防止吐奶。

你需要：

● 拍嗝垫布：任何能搭在肩膀上，让"宝宝兵"感到舒服的柔软、干净的布，也可以接住溢出的奶。

时刻都要：

- 撑住"宝宝兵"的头部。
- 有耐心。"宝宝兵"可能不会马上打嗝，甚至有可能不打嗝。

给"宝宝兵"拍嗝的方法多种多样。以下是最常见的一种：

- 把拍嗝垫布搭在肩膀上。
- 抱起"宝宝兵"，将他的头部靠在你的肩膀上，腹部靠在你的胸部。
- 交替轻拍和划圈抚摸"宝宝兵"背部，直到"宝宝兵"打出嗝来（有时不会打嗝）。
- 如果"宝宝兵"因胀气而感到不适，来回走动会有助于安抚。

其他拍嗝方法

- 让"宝宝兵"竖直坐在你的膝上。用手撑住"宝宝兵"的胸部,让他的下巴靠在你的大拇指和食指之间。另一手按上述方法抚摸"宝宝兵"背部。
- 让"宝宝兵"趴在你的膝上,撑住他的头部,使头部高于胸部。另一手按上述方法抚摸"宝宝兵"背部。

如何准备婴儿床

"宝宝兵"出生 6 周后你就可以着手培养他的睡觉习惯了。具体请参考第 3 章。在此之前:

- 把"宝宝兵"安置在你房间里靠近你的地方。这样,"宝宝兵"会觉得放松,你和老婆也会方便得多——尤其是母乳喂养的情况下。
- 不要让"宝宝兵"睡在你的床上,尤其是"宝宝兵"还不到 6 周的时候。你和老婆很有可能会在夜间压到他。冒这种险不值得。
- 如果使用婴儿床,要安装在你的房间里。在最初几个月里,可在婴儿床上放一个睡篮。"宝宝兵"睡在大床上可能会觉得冷。使用睡篮的话,你随便去哪儿都可以带着"宝宝兵"的床铺了。
- 不管是用婴儿床还是睡篮,都需尽量确保"宝宝兵"的安全。以下是婴儿死亡研究基金会给出的建议:
  ○ 婴儿床或睡篮内不能放置枕头或被子。给"宝宝兵"

盖上几层透气的薄织物，或是使用婴儿睡袋。

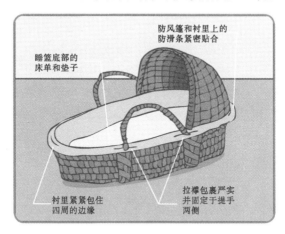

○ 床垫必须与床紧密贴合，以免"宝宝兵"卡在床垫与床之间的缝隙里。床垫应为防水制品，以确保完全干燥和清洁。

○ "宝宝兵"必须保持仰睡且双脚可以碰到婴儿床或睡篮的底部，以免扭来扭去滑到盖毯下。

○ 不要盖住"宝宝兵"的头部，以免温度过高。

• 室温很重要。最佳温度是 18℃（华氏 64 度）。可通过中央空调的恒温装置或室内温度计来保证适宜的温度。

24 小时之后

如何给"宝宝兵"洗澡

"宝宝兵"没必要每天洗澡。至少在出生一周内，我不建议给"宝宝兵"洗澡。这是为了让胎脂（天然润肤剂，宝宝兵出生时身上的一层白色油脂）充分吸收。

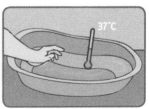

每天都要给"宝宝兵"清洁双手、脸部、脖子和生殖器。

每周给"宝宝兵"洗澡 2～3 次即可。

洗澡的次数可以更多，但不能低于每周 2～3 次。头发每周洗一次即可。

我的"宝宝兵"小时候用的是婴儿浴盆。不过，干净的厨房水槽也是给"宝宝兵"洗澡的理想之选。

切记：

- 撑住"宝宝兵"。一手托住"宝宝兵"的上臂，并撑住他的头部和肩膀，轻轻地将"宝宝兵"放入浴盆，让身体完全浸入水中——暴露在外的皮肤会迅速散失热量，"宝宝兵"会感到冷。"宝宝兵"入水后身体会变得滑溜，因此一定要抱牢。另一手轻轻地撩水冲洗"宝宝兵"的身体。

- 洗澡前先用干净的湿毛巾给"宝宝兵"轻柔地洗脸。清水即可，不需要用香皂或宝宝浴液。不要把"宝宝兵"的头部浸入洗澡水中。

- 在浴盆内先加凉水，再加热水。洗澡要用温水。可通过温度计或肘部试温来确保合适的温度（约37℃）。

- 洗澡水要足够多，需没过"宝宝兵"的躯干和四肢。

- 使用中性洗发液和婴儿浴液，以免刺激到"宝宝兵"的皮肤和眼睛。婴儿总是能以惊人的准确度把肥皂水溅到眼睛里。

- 动作要轻柔。用柔软的法兰绒毛巾给"宝宝兵"擦洗。

切勿：

- 忘记在洗澡前检查"宝宝兵"的纸尿裤。如果"宝宝兵"刚拉过，放入浴盆前应先按照日常程序进行清洁。

- 把"宝宝兵"独自留在原地。转身也不行。要忽略一切干扰因素。如果有其他事情需要处理，把"宝宝兵"包起来带上。

- 还没关掉水龙头就把"宝宝兵"放入水中。

- 最初几次洗澡是在晚上。不要在接近睡觉时间时引入新程序，否则"宝宝兵"会精神起来。

- 在寒冷的屋里给"宝宝兵"洗澡。

每次给"宝宝兵"洗完澡后都要彻底擦干、裹好，并至少抱

10 分钟。"宝宝兵"很容易散失热量，需要依靠你的体温暖和起来。

如何带"宝宝兵"出门

没有任何医学原因表明不能带新生儿出门。出门呼吸一下新鲜空气，认识一下其他爸爸妈妈，对你也很有好处（有关后援团的重要性，请参见第 7 章）。

不过，婴儿的免疫系统较弱，最好避免去或者少去人群密集的地方（超市、地铁站等）。在开始阶段（即孩子出生后几周内），在你尚未熟悉如何给"宝宝兵"喂奶和换尿布之前，我不建议你负重野外行军。保持靠近大本营，以及物资供给。除此之外，离开大本营时请确保基本求生工具包已准备妥当。

根据天气和出行情况来给"宝宝兵"穿戴衣物。如果天气凉爽，可穿保暖透气的衣服，戴上帽子。如果天气炎热，需使用防晒霜和遮阳帽，或遮阳帽檐。

突击队员爸爸重要提示

我带"宝宝兵"出门时会用婴儿背带（不是背巾）。这样一来，我可以让他紧贴着我的身体，但同时我的双手又可以做很多事情。我总是给"宝宝兵"穿几层轻薄的衣服，以免他们太热。绝对不要穿厚重的羊毛衣服。有关带"宝宝兵"出门的背带和其他用品，请参见第 10 章。

"宝宝兵"哭起来怎么办

一开始，"宝宝兵"和你交流的方式只有他们唯一掌握的一种：哭。你现在可能不信，不过几个星期以后你就能听懂他们不同哭声代表的含义。在此之前，可以参照下表比对：

- 饿了：婴儿消化食物的速度很快。因此纸尿裤用得也很快。该给他们喂奶了。

- 不舒服：检查纸尿裤。潮湿、不干净的纸尿裤显然会引起不适。检查看衣服是否过紧、勒到身体，或是是否有其他引起不适的地方。检查周边环境，如温度、噪音、是否有风、床垫是否鼓包。拍嗝。检查是否太热或太冷。

- 累了：婴儿需要大量睡眠。他们经历了分娩过程，现在正在处理这个令人兴奋的世界发出的巨量信息。要保证他们的睡眠时间。

- 病了：检查有无发烧、呕吐、腹泻、出疹子等症状。采取行动。征求助产士、医生、护士或药剂师等医疗小组成员的意见。你一开始还不能准确识别"宝宝兵"的病症，那就交给专业人士来做吧。别怕用"小事"麻烦医疗小组。有关"宝宝兵"的常见病症，请参考第8章。

突击队员爸爸重要提示

买一副耳塞吧。不要戴着耳塞睡觉，但是"宝宝兵"哭起来时你可以戴上。对新人突击队员爸爸来说，"宝宝兵"号啕大哭可能会让你压力倍增。戴上耳塞可以降低音量。你会为它带来的巨大改变而惊讶的。

本章用到的突击队员爸爸术语

大本营：家里。

拆弹：每晚将尿裤扔到外面的垃圾桶。

宝宝兵：婴儿士兵。不能自由行动的宝宝。

户外厨房：厨房。

榴弹炮：纸尿裤里的爆炸性内容物。

枪支走火：无意间发射枪支。文中指"宝宝兵"可能在撤
掉纸尿裤的瞬间尿尿或大便。

标准操作规程：必须始终按相同方式完成事务。

小分队：家人。

负重野外行军：活动剧烈的长途步行。

第 3 章

睡觉及其他夜间任务

摘要：

缺觉很难受。所以，为了小分队的健康和幸福考虑，你得保证大家都有充足的睡眠，要培养宝宝的睡眠习惯。

目标：

本章将为你简要介绍睡眠习惯等相关信息。到网上和书店侦察一番，向有经验的人取取经，你会学到更多相关的知识。

通过简介，你会更好地理解：

- 睡眠习惯：什么是睡眠习惯，怎么培养以及何时开始培养睡眠习惯。
  - 黄金法则。
  - 培养睡眠习惯的技巧。
- "宝宝兵"晚上醒了怎么办。
- 白天的睡眠习惯。
  - 常见的瞌睡信号。
- 睡眠不足。
  - 求助方式。

睡眠习惯：什么是睡眠习惯，怎么培养以及何时开始培养睡眠习惯

培养"宝宝兵"的睡眠习惯极为重要。但是，在"宝宝兵"满6~8周前，他们每天最多只有几个小时醒着。因此，在"宝宝兵"6~8周前不要尝试培养睡眠习惯。

他们需要：

- 分辨白天和夜晚。
- 调整生物钟："宝宝兵"在妈妈肚子里时，妈妈白天活动的时候会晃到他们，他们就不怎么活动。而到了夜里，妈妈睡觉后不再晃动，"宝宝兵"反而活动多起来。因此，"宝宝兵"出生时的生物钟和你的需求是完全反着的。

"宝宝兵"8周以后你就可以开始培养睡眠习惯了。过程可能会很艰难，不过结果会证明，这些努力都是值得的。你们夫妻俩将会有更多的休息时间，"宝宝兵"也会学会如何在夜里平静下来，好好睡觉。未来几年你们都会受益无穷。

婴儿年龄	
0~8周	没有固定的睡眠习惯，按需喂养
2周起	开始区分白天和夜晚
4~6周	培养按时喂奶的习惯
8周	培养睡眠习惯

培养睡眠习惯的黄金法则

养成睡眠习惯的基础是规律生活：每天在固定时间进行同样的活动。总有一项活动会很快变成"宝宝兵"的睡前习惯活动。

教"宝宝兵"分辨白天和夜晚

切记：

- 白天尽量让"宝宝兵"活动。
- 白天要保证房间光线明亮。
- 夜晚活动要相对安静、舒缓。

切勿：

- 白天，在"宝宝兵"睡觉时不要轻手轻脚、"无声运行"：要让"宝宝兵"接触白天房间内经常发出的各种声音，例如电话铃声、说话声、笑声、广播声音、电视声音、马桶冲水声等。
- "宝宝兵"6~8周后，到了喂奶时间就不要让他再睡了，可以把他温柔地唤醒。
- 夜里不要开"大灯"。把灯调暗，或是用台灯。

建立傍晚秩序

经过一天的兴奋和傍晚的平静后，准备安排"宝宝兵"睡觉。记住，睡眠规律不适用6周以内的"宝宝兵"。

- 确认"宝宝兵"已经洗漱完，感觉舒适，换了干净的纸尿裤。

● 喂白天最后一顿奶。

如果你想了解对"机动士兵"有用的程序，请参考第6章。

培养睡眠习惯的技巧

训练"宝宝兵"入睡有很多不同的技巧。下面这个方法对我来说很有效果。如果你觉得不错，尽可一试。如果你觉得不好，就不要试了。没有一种方法是绝对能让"宝宝兵"睡着的。你只要找到适合自己的方法就好。

1. 趁"宝宝兵"累了但还没睡着时，把他放到婴儿床上或者睡篮里。对你和"宝宝兵"来说，学会独自入睡是整晚安眠的关键一步。

2. 检查"宝宝兵"躺得是不是舒服，亲一下他，离开房间。

3. 如果"宝宝兵"哭起来（这很有可能），别管他，让他哭一会儿。可以从最多哭5分钟开始尝试。

4. 如果5分钟以后"宝宝兵"还在哭，回到房间，动作轻柔地检查一下是不是纸尿裤湿了或者有其他不适。如果刚吃过奶，那他应该不是饿了。别出声。你要是生气或者垂头丧气的，"宝宝兵"也会很烦躁。

5. 重复第2～4步，逐渐延长让"宝宝兵"哭的时间，几天以后，他就能自己睡着了。

6. 不要让"宝宝兵"哭的时间超过20分钟。

以下是正常现象：

● "宝宝兵"睡不着，哭起来。

- "宝宝兵"要很久才能睡着——他们正在学习一种全新的技能。
- "宝宝兵"的作息规律有变化（"宝宝兵"能睡整觉后也经常会在夜里醒来）。

以下现象不正常：

- "宝宝兵"发烧或出疹子。如有疑问，请咨询医生。
- "宝宝兵"没有理由地连续几个小时极为烦躁不安（不适、哭），或尖声哭叫，尤其是在吃奶后或傍晚时分。如果出现这种情形，"宝宝兵"可能是肠绞痛。做好准备，你得经常通过摇晃、拍嗝、按摩等方式来安抚"宝宝兵"。有关婴儿肠绞痛和其他疾病的更多信息，请参见第 8 章。

突击队员爸爸重要提示

我第一次让"宝宝兵"哭了 20 分钟没管的时候，我感觉那真是我这辈子最漫长的 20 分钟。但是，"宝宝兵"只能靠哭来和你沟通。他们哭不一定是因为难受，而是可能向你抱怨自己还不想睡，可能是想要你的关注，或是抱怨生活太不公平。以后，等你的"机动士兵"能和你交谈的时候，你会深深怀念这段非语言交流时光的。

"宝宝兵" 晚上醒了怎么办

夜里照顾"宝宝兵"的时候要注意，这可不是搞社交的时候。

切记：

- 尽量不要发出声音，少说话。
- 动作要轻柔，保持镇定、安静。
- 行动要快而高效，这样"宝宝兵"——还有你——就能快点回到被窝了。

切勿：

- 开大灯。
- 逗"宝宝兵"。

"宝宝兵"很有可能在半夜饿醒。不过，你可以借此机会：

- 检查一下"宝宝兵"的纸尿裤。纸尿裤湿了要换掉。床单湿了也要换掉。
- 看"宝宝兵"躺的是否舒适。
- 检查一下"宝宝兵"的周围环境：是不是被什么声音吵醒了？是不是有光晃到？

我们需要 30 分钟才能让双眼适应黑暗，在晚上看清东西。所以，最好在"宝宝兵"房间里安一盏夜灯或是小瓦数的台灯。不要开大灯，否则会吓到"宝宝兵"或是让他兴奋起来。

突击队员爸爸重要提示

你可能一晚上得起来几次照顾"宝宝兵"。在"宝宝兵"能一次睡几个小时之前，你得学会打"能量盹"：不管是白天还是晚上，不论何时何地，倒头就睡。只要你不用照顾"宝宝兵"或其他士兵，第一要务就是睡上一觉。一觉醒来，你会感觉好很多，也会更有精力面对艰苦卓绝的看娃生活。

白天的睡眠习惯

就算养成了规律的睡眠习惯，"宝宝兵"（以及"机动士兵"）白天还是会需要小睡一会儿。

切记：

• 慎重对待睡觉问题，尽可能尊重"宝宝兵"天生的睡眠模式。他们可能在一天中的某个时候会自然地想睡觉。注意别让他们睡得太久。对于6~8周以上的"宝宝兵"，白天睡着后，该吃奶时就要温柔地唤醒他们。

- 根据"宝宝兵"白天睡觉的时间来安排日间活动（例如，你肯定不想在他临近睡觉时约人来玩）。

切勿：

- 让"宝宝兵"睡到傍晚太晚，这会影响晚上的睡眠。

白天的入睡流程应参照夜间流程（不需要夜间睡眠的平静程序）。你需要：

- 确认"宝宝兵"没有饿着。
- 确认"宝宝兵"的纸尿裤是干净的。
- 趁"宝宝兵"累了但是还不困的时候让他躺下。

突击队员爸爸重要提示

如果"宝宝兵"在短途外出时（坐在汽车安全座椅或推车里）睡着了，回到家要把他从座椅或推车里抱出来，平放在床上。长时间待在汽车安全座椅或推车上对"宝宝兵"的健康不利。长时间处于半坐状态可能会给"宝宝兵"尚在发育的脊柱增加压力。

常见的瞌睡信号

有的婴儿白天需要睡很久，有的则不用。要学会识别"宝宝兵"发出的瞌睡信号：

- 打呵欠，或揉眼睛。

- 没兴趣玩，对你或其他大人没兴趣。

- 焦躁不安。

- 哭（收到这个信号已经迟了）。

突击队员爸爸重要提示

你可能注意到，有些常见的瞌睡信号和饥饿信号是一样的。这是因为"宝宝兵"能用于与你沟通的方法非常有限。综合考虑其他因素，才能判断"宝宝兵"到底要传达什么信息。

睡眠不足

不要低估睡眠不足的危害。如果你发现自己或老婆因为睡眠不足而暴躁、沮丧或生气，请马上采取措施。

- 和其他父母交流。家家有本难念的经。你会发现，自己不是一个人在受苦。

- 如果老婆无法分担看小孩的事情，请一个亲戚来帮忙照看"宝宝兵"，你就可以睡一会儿了。

- 如果你和"宝宝兵"独处时觉得压力很大、很生气,把他放在一个安全的地方（如婴儿床）,花 10 分钟平静一下情绪。
- 给自己放个假。用凉水洗脸,平稳地呼吸几下,听一听你最爱的音乐。
- 保持斗志。请参考第 7 章。

求助方式

如果你还是觉得生气,或是发现自己易怒、频繁发怒,请告诉你亲近的朋友或是医生。如果你不喜欢这种求助方式,也不想透漏个人信息,可以向网络聊天室里的其他父母求助。

这并不代表你是个失败的爸爸。人要足够坚强才会直面自己需要帮助的事实,要行动起来则需要更多的勇气。别迟疑。

本章用到的突击队员爸爸术语

大本营： 家里。

宝宝兵： 婴儿士兵。不能自由行动的宝宝。

机动士兵： 能够挪步、爬行、站立和行走的幼儿。

无声运行： 正常运转，但不发出声音或几乎不发出声音
（潜水艇用语）。书中指家里有小宝宝时安静的
状态。

第 4 章

打好行囊：日常必需品

摘要：

行囊应装有各种情况下会用到的各式必需品。不能多也不能少。行囊很容易就会装得太多或装得不够。要不惜一切代价避免出现这种危险情况。

目标：

经过简介，你将学会如何准备以下物品：

- 基础救生包。

- 用于短途任务的基础救生包：供近距离出行时使用的必需品。

- 用于中期任务的基础救生包：供离开大本营较长时间时使用的必需品，例如坐汽车、火车或飞机时使用的物品。

- 用于长期重大任务（度假）的基础救生包。

- 打包行囊：为长期重大任务（度假）准备衣服。

- 打包衣服的黄金法则和窍门。

基础救生包

★ ★ ★

突击队员爸爸时刻备好行囊，
随时听候调遣。

　　以下是"宝宝兵"和"机动士兵"的必备物品清单。每天都要记得清点基础救生包。出门千万别忘了带上它。某些时候，你能不能维持理智就全指望它了。

- 湿巾。
- 纸尿裤。

- 小罐的护臀霜（也可起到防晒作用，或是在有伤口、擦伤、晒伤时使用）。
- 带盖、干净的安抚奶嘴（如果需要使用安抚奶嘴的话）。
- 装在塑料袋内的干净塑料勺。
- 围嘴。
- 一整套替换衣服。
- 抗菌洗手液。
- 尿布包或塑料袋。
- 便携隔尿垫（或是一条干净的毛巾）。
- 法兰绒布。
- 基础急救工具。具体内容请参考第8章。
- 房间和车辆的备用钥匙。

将以上物品放在专用的一个包里。这样，你找起来会比较容易，也便于补充物品和随时准备停当。最好是装在背包里，走路的时候就不用占着手了。

用于短途任务的基础救生包

如果离开大本营不远（或称短途外出），基础救生包一般就够用了。不过，你最好加上些零食。有关零食的选择，请参考第5章。

如果你出门在外时"宝宝兵"或"机动士兵"出现了与身体机能运转有关的爆炸性事件，务必立即给他们换衣服。有可能的话，把脏衣服冲洗一下再装进尿布包或塑料袋。这能在你返回大本营前为你的基础救生包以及你的鼻子提供保护。如果没有清洗设备，尽量用瓶装水和法兰绒布或是湿巾清理一下。如果"宝宝兵"或"机动士兵"觉得不舒服，立刻返回营地。

用于中期任务的基础救生包

如果你打算带着"宝宝兵"或"机动士兵"离开大本营较长一段时间——但不过夜——你需要准备以下必需品：

1. 用于短途任务的基础救生包。

2. 口粮：确保你带的食物和水足够离开大本营的这段时间内使用。

3. 一小瓶热水，用于冲奶粉或其他婴儿食品（如果你出门的时间包含饭点儿，且那个时间你还在途中）。

奶粉最好是喝的时候再冲。不要提前冲奶粉，除非你预料到下一次喂奶时找不到干净的厨房和水壶。冲好的奶粉在冰箱内最长可冷藏保存 12 小时，在冰包内不得保存超过 4 小时。注意，喂奶前得加热奶粉，这和现冲奶粉一样耗时间。或者，你也可以把开水装在瓶里，用于途中冲奶粉。

带士兵出门还得准备至少一项活动或者玩具。请参考第 11 章。

用于长期重大任务（度假）的基础救生包

如果要带"宝宝兵"或"机动士兵"在外过夜，或是要在大本营以外的地方住上几个晚上，你需要以下必需品：

1. 用于短途任务的基础救生包。

2. 旅途中穿的合适的衣服（请见下文"打包行囊"）。

3. 奶瓶和清洗工具。确保有户外厨房可清洗奶瓶。

4. "宝宝兵"或"机动士兵"每晚睡觉时要拿着的东西（泰迪熊、毯子、安抚奶嘴等）。

5. 夜用纸尿裤（如果还在用纸尿裤）。

如果你带"宝宝兵"或"机动士兵"去的地方没有婴儿床（一定要提前确认），请带上一张旅行婴儿床或手提式婴儿床。这两个东西都是又沉又占地方，所以最好是确保目的地有婴儿床可用。另一个较好的备选方案是为露营设计的婴儿床，重量较轻，还可以折叠起来当遮阳棚。

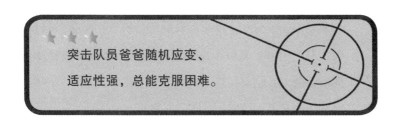

★★★
突击队员爸爸随机应变、
适应性强，总能克服困难。

打包行囊：为长期任务（度假）准备衣服

不管是你自己的衣服还是士兵的衣服，都不要带太多。否则你就得拖着一大包衣服了。这可不太明智。

打包行囊的黄金法则是：

- 根据天气和计划的活动来准备衣服。
- 根据出门的天数来准备衣服。路上的时间算作一天。
- 不要为每个可能遇到的场合单独准备一套衣服。带一些在各种场合都能穿的衣服。

以下是带"宝宝兵"或"机动士兵"出门一周所需物品参考列表。天气是按典型的英国气候考虑：有点冷，有点风，有点暖和，有点潮湿。

- 6 套内衣和袜子（身上穿一套）。

- 4 条裤子（牛仔裤、休闲运动裤、棉布裤子、短裤等。这些都属于裤子）。

- 防水外套（旅途中最好穿上）。

- 5 件上衣（长袖 T 恤衫、短袖 T 恤衫、衬衣等。这些都属于上衣）。

- 2 件薄的针织套衫或绒衣。对士兵和你自己来说，穿几层薄衣服比穿厚重的针织套衫或绒衣的保暖效果要好得多。同时，透气性也有保障。热了以后脱掉一两层，也不影响保暖。

- 3 双鞋（雨靴、运动鞋、凉鞋、一般鞋等。这些都属于鞋）。

- 帽子。

- 有必要的话带上太阳镜。

- 2 件睡衣。

- 1 件泳衣。

- 牙刷和牙膏。

如果你去的地方有洗漱设施，那就可以少带几样东西。

突击队员爸爸重要提示

我没有在清单中列出小女孩的连衣裙和短裙，因为我给女儿打包的时候发现，裙子远不如上衣和裤子实用。你也许有不同意见，那就把裙子看作是上衣吧。

例外情况

- 婴儿：小婴儿在学习处理身体运转机制的过程中总能消耗掉数量惊人的围嘴、哈衣和睡衣。因此一定要根据出门时间按双份来准备，并确保有洗漱设施可供使用。
- 内衣和袜子：不管有没有洗漱设施，每天都要准备一套内衣和袜子。这点上请相信我。

打包窍门

- 把衣服卷起来，有助于节省空间、避免出褶。
- 把占地方的衣物穿在身上。
- 用袜子、内衣等小东西填充鞋或者是包的边边角角等空间。
- 最先用到的衣服——如泳衣或睡衣——最后打包，这样它们就会在箱子最上面了。
- 带一个塑料袋装脏衣服。

零食

有关旅途零食的信息，请参考第 5 章。

本章用到的突击队员爸爸术语

大本营：家里。

宝宝兵：婴儿士兵。不能自由行动的宝宝。

户外厨房：厨房。

短途任务：离开大本营，短距离外出。

长期重大任务：度假。

中期任务：离开大本营较长时间，例如坐车、坐火车或坐
飞机。

机动士兵：能够挪步、爬行、站立和行走的幼儿。

短途外出：短时间离开大本营。

标准操作规程：必须始终按相同方式完成事务。

第 5 章

营养：兵马未动，粮草先行

摘要：

吃得好才能有战斗力。不要低估健康饮食的好处。健康饮食能促进生长发育，让人精力充沛，改善睡眠质量，增强对感冒和其他疾病的抵抗力，还能让人积极乐观。无论何时开始培养孩子的良好饮食习惯都不早，而什么时候改善你自己的饮食习惯也都不晚。

目标：

本章简要介绍营养相关内容。

- 辅食添加：简要介绍辅食添加，如何添加、何时添加以及如何应对各种状况。
  - 推荐尝试的辅食以及需要避免的食物。
- 自己吃饭：简要介绍怎么培养宝宝自己吃饭、何时可以开始让宝宝自己吃饭以及如何应对各种状况。
  - 推荐尝试的手指食物。
- 以身作则。
- 怎么缓解出牙疼痛。
- 关于营养的黄金法则。
- 合理定量、均衡饮食。
- 怎么给小分队准备营养丰富的饭菜。
  - 有关一日三餐的建议。
  - 花样丰富、避免单调。
- 如何安排三餐。
- 怎么快速供应食物：健康的零食。

★ ★ ★

突击队员爸爸懂得以身作则。

辅食添加：简要介绍辅食添加，如何添加、何时添加以及如何应对各种状况

辅食添加是"宝宝兵"从完全依赖母乳或奶粉过渡到食用固体食物的过程。好玩儿的环节这才真正开始。对刚加辅食的"宝宝兵"来说，吃饭是一项充满互动的体验——你得允许他们去尝、去摸、去看、去闻，把吃的弄得满身都是，到处乱扔，甚至吃到肚子里。

切记：

- 把"宝宝兵"的餐椅放在一个容易清理的塑料平面上（例如，野餐时用的可擦洗桌布）。
- 准备好围嘴和婴儿湿巾。一定要多准备一些。
- 让"宝宝兵"自己掌握节奏。不要一下给太多吃的。
- 每次只添加一样新的食物，连续吃 2 ~ 3 天。这样，有任何不良反应你都能及时发现并判断是什么食物引起的。如果怀疑宝宝有食物过敏或不耐受，请联系全科医生检查。

切勿：

- 当你自己或者"宝宝兵"穿着留有顽渍的衣服时给"宝宝兵"喂饭。"宝宝兵"的食物很容易留下顽渍。不要小瞧了它们。

- 为了让"宝宝兵"快点吃完或是不想搞得一团糟而忍不住喂他。学会自己吃饭是"宝宝兵"发育过程的重要一环。

- 担心"宝宝兵"吃得太少（甚至有时候一点儿不吃）。在这个阶段，他们仍然能从母乳或奶粉中获得营养。

- 在满 6 个月前添加蛋白质或乳制品——还是吃婴儿米饭、婴儿米糊、水果和蔬菜吧。

突击队员爸爸重要提示

我一直用的都是能吸水的围嘴，因为我发现食物会从可擦洗围嘴上滑落，再掉到"宝宝兵"身上。我不想让"宝宝兵"变得脏兮兮，围嘴倒无所谓。不过，这种能吸水的围嘴很快就会变湿，你得多准备几件。带粘扣的围嘴方便穿脱哦。

世界卫生组织和英国卫生部建议从宝宝 6 个月起开始添加辅食。注意观察"宝宝兵"是否有以下迹象。英国饮食健康协会认为，符合以下条件时就可以添加辅食了：

- 6 个月左右开始添加辅食。足月的"宝宝兵"应在满 6 个月前开始添加辅食，但不应早于 17 周。

- 早产的"宝宝兵"需特别对待，最好晚点儿添加辅食。给早产儿添加辅食前一定要征求专业人士的建议。
- "宝宝兵"能坐稳并能稳住头部。
- "宝宝兵"很喜欢看你吃东西。
- "宝宝兵"会把手放到嘴里、会嚼东西。

推荐尝试的辅食

- 婴儿谷类制品：比如用母乳或奶粉冲泡的米粉、燕麦等。这样制作的辅食味道清淡，而且"宝宝兵"也很熟悉，但口感却完全不同，不失为一种添加辅食的好方法。
- 蔬菜泥：胡萝卜、南瓜、小黄瓜都带有甜味，很好做，也容易做成菜泥。从块根类蔬菜开始，逐步添加味道更重的蔬菜如西兰花和菜花等。
- 水果泥：从味道清淡的水果开始，如香蕉、木瓜、苹果、梨和鳄梨。没熟透的水果很难弄成泥，所以要用熟透的水果（超市里熟透的水果一般卖得很便宜）。注意：如果在未满 6 个月前添加辅食，不要减少"宝宝兵"的母乳或奶粉摄入量。对"宝宝兵"的小肚皮来说，香蕉和鳄梨等辅食会有很强的饱腹感，从而可能导致喝奶减少。所以，刚开始添加辅食时最好不要给太多这类食物。
- 优质的罐装婴儿食品。一旦打开罐装食品的包装，就要和"新鲜"食物一样保存。尽量只在外出没有厨房时才用罐装婴儿食品——尽可能地给"宝宝兵"吃家里现做的饭菜，让他熟悉家里的味道。

突击队员爸爸重要提示

有些食物很容易引起过敏。在"宝宝兵"未满 6 个月前，不要添加这些食物：牛奶或其他乳制品、小麦和麸质制品、坚果、大豆种子、鱼、贝类和蛋。

一岁以内应避免的食物

- 盐分过多的食物——7 个月到 1 岁之间的孩子每天摄入的食盐不应超过 1 克。1~3 岁之间的孩子每天摄入的食盐不应超过 2 克。我们平常吃的很多东西里都含有食盐，例如谷类制品、面包和奶酪。

- 坚果。

- 果仁酱（没有过敏史的可以吃）。

- 贝类。

- 没煮熟的蛋。

- 熏制或腌制的鱼、肉。

- 精制糖。

- 未杀菌的奶酪或牛奶。

- 人造甜味剂、色素、香精和防腐剂。

- 蜂蜜——可能含有对 1 岁以下婴儿有害的孢子。

- 辛辣食物。

自己吃饭

"宝宝兵"到了该学着自己吃固体食物的时候了。我们从手指头——以及手指食物开始。不用担心勺子叉子的。

切记：

- 让"宝宝兵"坐在餐椅里吃饭，为以后吃饭时待在餐桌前打下基础。
- 购买不怕摔的盘子。我发现"宝宝兵"是同时学会抓东西和扔东西的。
- 继续使用保护装置：围嘴以及铺在餐椅下的塑料布。
- 格外留神——一旦"宝宝兵"学会灵巧地拿起东西放进嘴里，他们可不会止步于食物。不管拿起什么，都会往嘴里塞。
- 吃饭的时候要给"宝宝兵"配一把专用勺让他练习。

切勿：

- "宝宝兵"学着自己吃饭时没人看着。
- 在推车里或汽车座椅里给"宝宝兵"手指食物。有窒息风险。
- 给"宝宝兵"的手指食物太硬或者分量太大。动动脑子，也看下下面的建议吧。
- 担心"宝宝兵"不会使用餐具。"宝宝兵"学会自己吃东西几个月后就能掌握这个技能了。

- 给"宝宝兵"吃过于精细或是高糖、高脂、高盐的手指食物。

至于"宝宝兵"什么时候可以学着自己吃饭，这也没有一定的标准。从 6 个月起，你可以观察"宝宝兵"是否出现以下迹象：

- 你给"宝宝兵"喂饭的时候他会抓勺子。
- "宝宝兵"会从盘子里抓食物（你会惊讶地发现，"宝宝兵"居然能伸到那么远的地方）。
- "宝宝兵"会拿起东西塞进嘴里。

推荐尝试的手指食物

- 面包和谷类制品：低糖的谷类制品、煮熟的造型意面、切成条的吐司面包或皮塔饼。
- 奶制品：奶酪条。
- 水果蔬菜：质地较软的水果，如去皮的苹果条和梨条、桃、梨或香蕉；煮熟的小朵西兰花或菜花、豆角、胡萝卜条或小黄瓜条。

怎么缓解出牙疼痛

一般开始加辅食时正是宝宝出牙的时候。出牙可能会影响"宝宝兵"的胃口。在此我给你们提供以下已经验证的窍门，可以帮你的"宝宝兵"顺利度过出牙期：

- 用冷藏过的勺子按摩红肿的牙龈。

- 给"宝宝兵"准备一个出牙环。灌有液体的出牙环可能会漏液，也无法消毒，因此我更推荐使用硬质的硅胶出牙环。可以试试把出牙环放在冰箱里冷藏一会儿再拿给"宝宝兵"用。

- 给"宝宝兵"准备不烫的食物。

- 准备一个咬咬袋。咬咬袋和安抚奶嘴很像，只不过没有奶嘴，而是带着一个网眼袋。你可以把水果和蔬菜放到网眼袋里让"宝宝兵"咀嚼，不用担心会有卡住而窒息的风险。如果不是装在这种类型的喂食器里，千万不要让"宝宝兵"咀嚼硬质的食物。

如果以上方法都不能缓解"宝宝兵"的不适，请联系专业人士，咨询有关儿童用无糖对乙酰氨基酚的使用方法。

突击队员爸爸重要提示

冷藏过的法兰绒布很适合给正在出牙的"宝宝兵"在饭点间咀嚼。法兰绒布比出牙环更软，容易抓握，而且就算"宝宝兵"不小心拿布打到脸上也没关系。

以身作则

随着"宝宝兵"成长为"机动士兵"（长出更多牙，手部动作也更灵活），你就可以给他吃一口大小的、和你吃的一样的食物了。

孩子通过模仿来学习。你做什么他都会模仿。想让他吃掉足够的、营养丰富的健康食物吗？那你可要先做个榜样。如果你告诉孩子们水果和蔬菜很好吃，但却从来没在他们跟前吃过，那你肯定不会成功。

★ ★ ★

突击队员爸爸时刻为士兵着想。

有关营养的黄金法则

- 花时间吃饭。
- 了解分量大小。
- 学着为小分队准备营养丰富的饭菜。

好的吃饭习惯要表扬。孩子喜欢得到你的关注，他会重复你表扬过的行为以便再次得到表扬。

花时间吃饭的重要性

我们在吃饭时间做的不只是吃饭，同时也是在陪伴家人、互相交流。只要有机会，就和小分队成员一起用餐吧——至少每天一次。这能清楚无误地传递以下信息：

- 吃饭是一件愉快的事儿。
- 大家归属于一个安全有爱的队伍。

趁此机会你也可以展示一下良好的餐桌礼仪。人们经常吃得匆匆忙忙，尤其是有很多事要做的时候。别再这样做了。

切记：

- 教你的士兵——以及你自己——慢慢享用食物。人的胃要20分钟才会向大脑传递已经饱了的信号。如果你吃得太快，你就来不及接收这个信号。而你的士兵会模仿你的样子，他们也同样接收不到这个信号。

切勿：

- 催小孩快点吃饭，并因此导致他吃得过多。以后这会引起很多问题，而且是大问题。

突击队员爸爸重要提示

吃饭时最好的饮品是水。要把这点变成规范。身体渴了就会想喝水。果汁含糖量很高，要限制供应。如果给孩子喝果汁，应加水稀释，果汁和水的比例为 1 : 10。

合理定量、均衡饮食的重要性

每餐食物的分量十分重要。对成年人和孩子来说，肥胖现象日益严重的一个主要原因就是我们已经忘了一顿健康的食物分量应该是多少。上图为大家注明了主要的食物种类并列举了部分常见食物和适当的分量。

食物种类

1. 面包、谷类制品和土豆：这些淀粉类食物为我们提供热量、纤维素、维生素和矿物质。意面和大米也属于淀粉类食物。

2. 水果和蔬菜：为我们提供纤维素、维生素和矿物质，也是抗氧剂的来源之一。

3. 牛奶和乳制品：为我们提供骨骼和牙齿健康发育所需的钙、成长所需蛋白质以及维生素和矿物质。

4. 肉、豆类及其他食物：这类食物包括蛋和豆类，为我们提供蛋白质、维生素和矿物质，尤其是铁元素。豆类还含有纤维素。

5. 脂肪：油、乳制品、瘦肉和含油较多的鱼都是由脂肪提供的热量，欧米伽-3和维生素A、D、E的重要来源。满2岁的士兵就应该吃全脂食物，而不是低脂食物。

要注意的是，饼干、蛋糕、气泡饮料、巧克力、糖果、薯片和糕点等加工食品不属于以上任一种。这些加工食品含有很多糖分和饱和脂肪，热量很高，却没有什么营养价值。你也知道这些食物不是什么好东西。少吃为好。

怎么给小分队准备营养丰富的饭菜

家里的饭菜比买来的要健康，你也清楚。如果你觉得自己并不擅长做饭，不要因此而紧张。之后，你会发现实际上做饭很容易。你没必要变成米其林星级大厨，不过你确实得树立信心，掌握一些基本的烹饪技巧。

今晚要炸东西？住手吧！用烤箱或者烤架能轻松做出很多食物。如果你每周炸东西的次数超过两次，那就太多了。"宝宝兵"和"机动士兵"都应尽量避免油炸食物。

突击队员爸爸重要提示

没有一种食物是不好的。开动脑筋，任何食物都能在你的菜单——以及你的小士兵的菜单上——找到一席之地。加工食物和糖果要少给，不过也不用完全禁止。完全禁止某样食物反而会让士兵——和你自己——特别想吃。

下面我会提供一些基本的营养建议，搭配组合以后足够你准备一星期的饭菜了。只要你会煮鸡蛋，你就能做好早饭和午饭。随着"机动士兵"年龄渐长，你要鼓励他们帮你一起准备不需要开火的饭菜。关于吃饭的规矩，请参考第 6 章。

早餐建议

要养成习惯，在一天开始的时候享用一顿丰盛、健康的早餐。这会让你和你的小分队能量满满，并为你提供必需的维生素和矿物质，让你能精力充沛地完成一天的活动。

- 稀粥和什锦麦片等谷类制品是不错的选择。含有麸质的谷类制品会让宝宝娇嫩的消化系统难以承受。尽量不吃有巧克力或糖的谷类制品。它们可能含有添加剂，而且糖分太高，不能给上午的活动提供优质能量。

- 全麦吐司或硬面包，配黄油或玛琪琳，也可以搭配酵母酱、花生酱、奶油奶酪、香蕉片一起吃。果酱和橙子酱很受欢迎，不过要少用。

- 天然酸奶：为"机动士兵"提供有益菌的很好的方式。务必确认酸奶里没有加很多糖。可以和切块的水果或浆果一起吃。

- 鸡蛋是早餐多面手：煮鸡蛋、炒鸡蛋、荷包蛋——看"机动士兵"最喜欢哪种吧。

午餐建议

每个"机动士兵"都是独一无二的。有的可能喜欢午饭多吃、晚饭少吃，有的则可能喜欢午饭少吃、晚饭多吃。不管怎么样，准备一顿富含蛋白质的午餐会让他们撑得久一点儿。蛋白质可以通过奶酪、鸡肉、罐装吞拿鱼或其他鱼、豆子、酸奶等来获取。

- 用全麦面包做的三明治是最受欢迎的。夹馅的选择多种多样——要有创意。可以试试烤三明治，你会有更多选择。

- 卷饼和三明治一样食材丰富，"机动士兵"一定会喜欢你做的各种花样的卷饼。

- 全麦吐司或面包配汤。

- 低盐或低糖的豆子是很实用的主食——可以试着和全麦吐司、鱼条或者炒蛋一起吃。

- 燕麦饼配奶酪和水果。

- 午餐可以搭配一些方便小孩吃的水果，比如切片的香蕉、切块的苹果、樱桃、西红柿、切块的梨、葡萄或者浆果。切成条状的胡萝卜、芹菜和黄瓜也很受欢迎。

晚餐建议

完成下面的菜式需要高级一点儿的烹饪技巧，不过也不是你学不会的那种。我们的目标是帮助老婆准备全家人能一起享用的晚餐。

- 香肠土豆泥：老少咸宜。买你能买得起的最好的香肠，用烤箱或烤架烤一下。注意盐的含量，尤其是如果"宝宝兵"还不到1岁时。

- 自制比萨：从超市买比萨饼底，抹上番茄酱，让"机动士兵"加上他最爱的各种馅料，进烤箱烤一下。

- 鸡肉（手撕鸡胸肉、烤鸡腿）配自制烤薯片。

- 炖菜：切好新鲜蔬菜，快速炒一下肉，锁住味道，加入蔬菜和高汤。上菜时记得多配一些米饭和土豆泥。

- 意式面食作为晚餐很受欢迎。意面配自制番茄酱或奶酪酱汁、肉酱面、千层面都会让人赞不绝口，尤其是配上香蒜面包和沙拉。

- 烤肉：比你想的简单多了。只要把肉放进烤箱，你就只管准备蔬菜就好了。

- 不一定每顿晚餐都要准备甜点。不过，想来点儿甜点的话，可以试试果冻（很好做——加入冷冻水果可以加快凝固并添加维生素）、香蕉、蛋奶冻、布丁（也很好做）、水果、酸奶（纯酸奶加蜂蜜——1岁以上的孩子才可以吃蜂蜜——配浆果也不错）、蛋白霜甜点配水果和酸奶。

突击队员爸爸重要提示

慢炖锅是节省时间的一大利器。头天晚上准备好原料，白天慢慢炖着，到晚饭时一顿热腾腾的健康晚餐就可以上桌了。

花样丰富、避免单调

切记：

- 让孩子尝试各种不同的食物，他们会爱上这些饭菜的。尝试的食物种类越多，孩子将来挑食的可能性就越小。
- 每月至少准备一道全新的菜式。与家人一起享用新鲜有趣的食物是一大乐趣。

切勿：

- 来回重复做几种有限的饭菜——你发现孩子"最喜欢吃"的菜后很容易就会这样。
- 感觉每周都必须准备新菜单。其实只要把蔬菜从胡萝卜换成甜玉米，把苹果换成梨，或是把面包配黄油换成燕麦饼就可以了。

幸运数字"7"

"宝宝兵"和"机动士兵"至少要吃 7 次某种新饭菜才能判断自己是不是爱吃。不要轻易放弃那些营养丰富的健康食物。更不要因为你不喜欢就在还没吃到 7 次之前放弃尝试健康食物。

你自己也吃上 7 次。也许会有令人惊讶的发现。

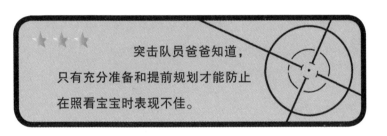

突击队员爸爸知道，

只有充分准备和提前规划才能防止

在照看宝宝时表现不佳。

如何安排三餐

在每周之初安排好整周的每日三餐相当重要。这有助于减轻每天都要想吃什么的压力，也可以省钱省时间。

- 在安排每周的饭菜和制定清单之前，记得要检查一下橱柜、冰箱冷藏室和冷冻室还有什么东西。
- 准备一个专用本子制定清单。每页分成四栏，分别是"早饭""午饭""晚饭"和"点心"。把这周计划的饭菜分别写在各栏里。这就是你的"饭菜计划簿"了（你也可以查看以往几周的记录汲取灵感）。在清单下记下要用到的材料。

- 按清单准备饭菜。不要冲动购物。

- 为了省时、省力和省钱，可以多做一些冷藏起来。

- 要会查看产品标签。不要因为推销的说是健康食品就信以为真。如果包装上没有"红绿灯"食品标签（红色表示脂肪、饱和脂肪、糖和盐等含量高，绿色表示脂肪、饱和脂肪、糖和盐等含量低），就看一下营养成分表中的"营养素参考值"，看看这种食物每餐所含的脂肪、糖和盐的数值。要注意的是，食品标签上的数值是按成人每餐的分量而不是"机动士兵"的分量来计算的。

- 不要饿着肚子去买东西。否则，你买的东西会远超需求的。

- 可能的话，千万不要把最小的"宝宝兵"留在家里。提前备好购物清单能尽可能地缩短外出时间，但是你得小心，外出购物随时会引爆"宝宝兵"的情绪。具体技巧请参考第12章。

> **突击队员爸爸重要提示**
>
> 尽量不要在基础救生包里放巧克力、薯片、饼干和含糖饮料。这些可以作为偶尔的奖励。同时，它们含有糖分、添加剂、防腐剂和很多没营养的热量。这些东西没法填饱孩子的肚子（所以不能解决肚子饿了的问题），你——或你的孩子——也不需要它们。

怎么快速供应食物：健康的零食

突击队员爸爸总能应付各种状况。人们普遍认可的是，一旦离开大本营的安全环境超过 10 分钟，孩子们就会感到饿了。突击队员爸爸对此毫不怀疑。他会欣然面对这个问题并做好相应的安排。当你离开大本营的时间比预计时间要长，孩子们已经开始感到饿时，也要做好准备。你需要的不是快餐，而是快点儿让他们进餐。

以下是我推荐的一些可以装在基础救生包里的食物。试试看，看你家宝宝最喜欢哪些吧：

- 燕麦饼。
- 小盒的葡萄干。
- 水果（苹果、橘子、小罐装的葡萄、西红柿等）。
- 蔬菜（胡萝卜条、甜豌豆、黄瓜片等）。
- 米饼。

- 水果干（菠萝块、芒果块、香蕉片等）。

- 坚果（不加盐）。

- 小瓶装的水或果汁。

- 小包装的宝宝最爱的谷类制品。

突击队员爸爸重要提示

用一个专门的包、饭盒或小容器装零食，放在基础救生包里。定期检查。回到大本营后，新鲜的食物要马上拿出来，否则救生包可能就会"寿终正寝"了。干制食物要定期检查是否变质（尝尝看。如果软的食物变硬或是硬的食物变软，那就该扔掉了）。

在家里小憩的时候，上文早餐建议里提到的——吐司配花生酱或是酸奶和浆果——都可以作为零食。切块的水果和蔬菜作为零食非常好，可以和奶酪一起吃，以获得更多蛋白质。

本章用到的突击队员爸爸术语

基础救生包：用来装日常必需品的包。

大本营：家里。

宝宝兵：婴儿士兵。不能自由行动的宝宝。

机动士兵：能够挪步、爬行、站立和行走的幼儿。

小憩：休息。

小分队：家人。

寿终正寝：因损坏或不符合要求而无法使用。

第 6 章

长效指令:培养生活规律

摘要：

要想大本营井然有序、运转顺畅，就必须养成良好的生活规律。有规律的生活不仅让人有安全感和明确性，还能保障秩序，让整个小分队的生活更为轻松惬意。任何时候培养规律都不早，也不晚。

目标：

经过简介，你将更好地理解以下生活规律的重要性；了解如何培养和保持这些规律；了解大战一触即发的地点，即惯常程序容易遭到破坏的场合以及如何恢复。

- 哺乳的惯常程序。
- 吃饭的惯常程序。
- 早晨、下午和傍晚的惯常程序。
- 周末惯常程序。
- 大战一触即发。

★ ★ ★

突击队员爸爸要让好习惯变成小分队的标准操作规程。

突击队员爸爸重要提示
惯常程序不能太死板，要能灵活适应不同情况。

哺乳的惯常程序

"宝宝兵"出生 6 周内要按需喂养。

切记：

- 确保你和老婆的饮食良好，睡眠充足。
- 别管时钟了。

切勿：

- 给自己或老婆施加压力，想要在 6 周内养成新的生活习惯。生活发生了变化。你们需要时间来适应。

●带"宝宝兵"回家时还没准备好。请参考第 1 章。

采用母乳喂养的话，你的老婆说了算。母乳分泌得很快，因此她可能每 2 ~ 3 个小时就会喂一次"宝宝兵"。要给她以支持。如果她能用吸奶器吸出母乳，那你就挺身而出，承担起夜里喂奶的任务吧。

最好在什么时候开始有规律地哺乳?

就此问题可谓众说纷纭，培养方法、最佳方式和时机也不尽相同。本章介绍的方法对我和我的三个——非常不同的 ——孩子都很有成效。

在"宝宝兵"出生 6 周后就可以开始有规律地哺乳了。如果你已经教会他们白天和夜晚的区别，并加入了其他固定进行的活动，这会很有帮助。更多信息请参见第 3 章。

"宝宝兵"天生有自己吃饭的节奏，不要和它拧着来。记住，就算是有规律地哺乳也绝不应过于死板。"宝宝兵"每天的胃口都不一样，让他们来决定吧。要学会分辨"宝宝兵"给出的"我饿了"和"我饱了"的信号。6 ~ 12 个月内的"宝宝兵"推荐母乳喂养。但是，"宝宝兵"各有不同，有的也许会需要额外补充营养。

常见的"我饿了"信号

- 在摇篮里躺着的时候找乳房（张开嘴转过头，好像要吃奶一样）。
- 伸舌头。
- 吮拳头、手或是衣服。
- 来回摆头。
- 烦躁不安。
- 哭（收到这个信号已经有点儿晚了）。

常见的"我饱了"信号

- 扭过头，不吸乳房或奶瓶。
- 吮吸变慢。
- 停下吮吸，抬头看你。
- 咬人。

随着"宝宝兵"体重渐增，他们每天吃奶的次数会减少，但每次会吃得更多。如果"宝宝兵"心情不错、反应灵敏，纸尿裤有尿而且睡得很好，那就说明他们吃得够。如有任何疑问，请与医生联系。

以下是正常现象：

- "宝宝兵"吃完奶后少量吐奶。吐出来的可能不少，不过都是还没进入胃部的乳汁。喂完奶后拍嗝可以减轻吐奶。

以下现象不正常：

- "宝宝兵"吃完奶后持续喷射状呕吐。如果出现这种现象，请联系医疗小组成员。

吃饭的惯常程序

开饭时间要固定。一套吃饭的惯常程序能确保一日三餐顺利进行。

"机动士兵"：

- 可以的话，帮忙摆好餐具，清理桌子。
- 吃饭前要先去厕所。
- 饭前洗手。
- 按要求坐在餐桌旁。
- 吃饭时遵守"餐桌规矩"。
- 不得无故离队——未得到允许不能离开餐桌。
- 坐在自己的座位上。
- 遵守餐桌礼仪。

起床号：晨起惯常程序

晚上提前准备

要养成在熄灯前尽可能做好准备的习惯。早上的时间过得很快，你肯定不想拂晓时分起来准备东西。

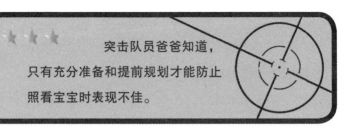

突击队员爸爸知道，
只有充分准备和提前规划才能防止
照看宝宝时表现不佳。

准备和打包的时候要参考第二天的活动安排。干净奶瓶够用吗？基础救生包补充过了吗？要离开大本营多久？准备搭乘什么交通工具？天气怎么样？有厕所和其他设施吗？你能赶在"宝宝兵"睡觉前回到大本营吗？

上托儿所的"士兵"

向所在托儿所索取"士兵"所需物品清单。做好标记，打包好。弄清楚赶到托儿所需要的时间，并比预计所需时间至少提前10分钟出发。如果需要自带午饭，最好是早上现做三明治。不过，其他东西可以在晚上准备好存放在冰箱里。有关健康午餐便当的建议，请参考第5章。

突击队员爸爸重要提示

如果"宝宝兵"或"机动士兵"要上托儿所，可以买一个小本子让老师记录重要的事情，也可以记录他们白天的活动。

起床程序

喊孩子起床的时间要固定。带着愉快的心情走进他们的卧室，孩子们也会被你感染。

如果孩子穿着纸尿裤，那就马上换一个。如果"机动士兵"已经会自己上厕所，或者你们正在进行如厕训练，可以鼓励他们在早饭前去趟厕所，自己冲水和洗手。有关如厕训练的更多建议，请参见第 9 章。

早饭

如果每天这个时候都要看电视，等吃完早饭再开电视机。电视会分散"宝宝兵"和"机动士兵"吃饭的注意力。早饭——以及每一顿饭——都是与家人共聚的好机会。

刷牙

"宝宝兵"出牙前，可以用柔软的湿布包裹在指头上，轻轻地擦一下"宝宝兵"的牙龈。早饭后和睡觉前都要擦一下，为以后养成刷牙习惯打好基础。

"宝宝兵"出牙的时间各不相同。有的"宝宝兵"一出生就有牙，有的则 1 岁多才开始长牙。出牙的平均年龄是 6 个月。你的"宝宝兵"则不一定。要多注意观察。一旦"宝宝兵"开始长牙，你就得养成给他刷牙的习惯。有关如何缓解出牙不适，请参见第 5 章。

切记：

- 购买小头的软毛牙刷。

- 购买婴儿专用牙膏。

- 把牙膏涂在牙刷上一点儿就好。"宝宝兵"只需要用一点点牙膏。

- 孩子长牙后，要给他们先刷牙再穿衣服。牙膏渍很难去除。

切勿：

- 刷牙时过于用力。

- 想让"宝宝兵"用水漱口或是把水吐出来。

- 让"宝宝兵"自己拿着牙刷。他们暂时还不能灵活自如地舞动牙刷。牙刷在他们手上可是会变成利器的。

随着"机动士兵"逐渐长大，他们也许会想要自己刷牙。对此要鼓励，不过"机动士兵"还没法自己把牙刷干净。可以在刷牙开始或者结束的时候让他自己刷一下。

突击队员爸爸重要提示

如果"机动士兵"想要自己穿衣服、自己刷牙、自己系鞋带，想要自己的事情自己做，一定要鼓励并表扬他们。多给他们一些时间。对于他们的小指头来说，这些任务都相当艰巨。你得帮忙，不过不要直接上手。先问问他们是否需要帮助。否则，"机动士兵"会觉得自己做不了。不要让孩子在大本营里失去自理能力。

着装

"机动士兵"

- 这可是绝佳的机会,可以让大点儿的"机动士兵"练习一些重要技能,包括穿衬衣、穿裤子、穿袜子等,还可以让他们练习扣扣子。

- 多给他们一些时间。

- 来点儿小小的比赛会让"机动士兵"更愿意练习:比如,你可以说:"你能比昨天还快吗?""你今天能更整洁吗?"

突击队员爸爸重要提示

把鞋、帽子、外套、手套、围巾等东西放在固定的地方,最好是在门旁边。这样就不会因为意料之外的天气状况而影响生活习惯了。

下午的惯常程序

外出回到大本营的时候都要遵循以下惯常程序。根据"机动士兵"的年龄,可以让他们做一些力所能及的事情。

返回大本营

- 如果"机动士兵"玩得正高兴,告诉他们还能玩多久就得离开。他们也许还是不愿意走。至于如何处理,请参见本章后文的"大战一触即发"。

- 不管是多大的孩子，返回大本营途中都可以和他们聊
  一聊。
- "机动士兵"喜欢和人聊天。"宝宝兵"喜欢听你的声音、
  看着你、学你说话的语调。

从托儿所放学

- 问问老师孩子今天的表现，什么时候换的纸尿裤，什么时
  候吃的饭。
- 确保所有东西都已带齐。
- 返回大本营途中和孩子聊聊当天的事情。就算"宝宝兵"
  没法做出回应，他们也很喜欢听着你的声音。大一点儿的
  "机动士兵"会跟你聊聊他们的成就，发发牢骚。

进入大本营

- 在门口脱掉鞋和外套，收好。
- 把各种包和用具放在固定的地方。
- 如果"机动士兵"穿着纸尿裤，检查一下是否需要更换。
  即使孩子睡着了，也要记得检查。尿布疹会让你和他都很
  不好受。
- 如果"机动士兵"上托儿所时穿着制服，一回到家马上给
  他换成便装（平常的衣服）。如果制服没脏，叠好准备第
  二天穿。如果制服脏了，直接放进脏衣篮并确保第二天有
  干净制服穿。
- 如果"机动士兵"的衣服或制服没有弄脏，要表扬他们。
  但是，就算衣服脏了也不要批评他们。如果想要"机动士

兵"精力充沛、敢于冒险，脏衣服就是不可避免的代价。

根据晚餐时间，你可能得给"机动士兵"吃点零食。吐司和水果都可以。有关其他零食，请参见第 5 章。

熄灯时间：晚间惯常程序

有关如何培养"宝宝兵"的睡觉习惯，请参见第 3 章。

睡觉时间要固定，尤其是"宝宝兵"或"机动士兵"要上托儿所的情况下。他们也许还不觉得累，不过，你最清楚了。

"宝宝兵"和"机动士兵"通过晚间程序就能知道下一步该做什么了，因此晚间程序十分重要。尽可能营造轻松的氛围。以下是一些有助于实施睡前程序的基本技巧：

- 睡觉前大约 1 小时开始平静下来。结束游戏（不要开始新游戏）。如果需要收拾，那就现在开始动手。可以让"机动士兵"帮忙。
- 收拾好以后，给"宝宝兵"或"机动士兵"洗澡。
- 给"宝宝兵"或"机动士兵"穿好睡衣。可以让"机动士兵"自己穿。
- 直接安顿孩子们睡觉或是先和他们在沙发上待几分钟。这个时间可以看看儿童电视节目，里面的故事会让孩子们平静下来，让他们知道该睡觉了。
- 给"宝宝兵"喂最后一顿，给"机动士兵"喝一杯温牛奶（牛奶不适于 6 月龄以下的"宝宝兵"）。这样他们就知道该去睡觉了。同时，这也可以避免他们饿着肚子睡觉。

- 睡觉前最后一个任务是刷牙。

- 让孩子们上床。通过讲故事来安顿"机动士兵"（以及已经养成睡觉习惯的"宝宝兵"）是个好办法，但一定要记得不要太兴奋。读睡前故事的时候，语速要慢，语调要平稳。

周末惯常程序

突击队员爸爸和士兵们在周末都要好好休息，因为大家都需要休整一下。尽管因为某些事会忙忙碌碌，也要抽时间放松一下、陪陪孩子。

周末的时候可以放松一下平时的规矩。像起床时间、吃饭时间和穿衣服的规矩都是可以稍微放松的地方。不过，有的规矩任何时候都不能放松，例如，饭前上厕所和洗手，早饭后和睡觉前要刷牙。

提前安排好周末的活动，这样你就能安排一些特殊的活动，并弄清楚是否还需要其他用品。

大战一触即发

★ ★ ★
突击队员爸爸随机应变、适应性强，总能克服困难。

规矩定得再好，即使是按照典型突击队员爸爸的标准来执行，也仍然会有"大战一触即发"的时候。以下列举了部分会导致"大战一触即发"的情形，足以让你了解一下什么时候容易"一触即发"以及如何应对。这些情况可能会导致孩子大发脾气。至于如何处理和避免孩子大发脾气，请参见第 12 章。

- 过于疲累：和成人一样，孩子们累了也会脾气不好。随时注意观察他们的表现，有必要的话，安排休息一下或是换一种玩法。学会识别"宝宝兵"或者"机动士兵"累了的迹象。

- 饿了或是渴了：这种状况随时都可能发生。突击队员爸爸要做好万全准备，随时都要带着健康的零食和饮品（也就是水）。

- 兴奋过度："宝宝兵"和"机动士兵"很容易就能变得异常兴奋，但要平静下来却没那么快。最有效的办法就是换一种不那么刺激的玩法。

- 没有事先告知"机动士兵"就改变惯常程序的活动。规矩是灵活的，但是如果总是变来变去，就不能称其为规矩了。"宝宝兵"和"机动士兵"喜欢固定进行的活动，因为这样他们会觉得有安全感。如果你需要改变某项惯常进行的活动，请提前告诉他们。

- 失望。有时，比如说，如果你不能带他们参加之前计划好的活动，或是原本要来的一个他很喜欢的亲戚来不了了，"机动士兵"就会觉得失望。面对难以避免的恶劣反应，要保持镇定。失望是一种严重的情绪表现，"机动士兵"难以应对，尤其是在他们还无法看到"事情积极的一面"的时候。你得帮他们处理这种情绪。说出他的感受，并建议另一种好玩的活动（一定要坚持完成）。

- "宝宝兵"或"机动士兵"玩得正高兴的时候把他拽走。"宝宝兵"和"机动士兵"玩得正高兴的时候不愿意离开，这很自然。但是，出于惯常程序需要，常常得在他们正在兴头上的时候离开。可以尝试在需要结束前 5 分钟给他们一个提示或是倒计时。不要搞突袭一样突然把他们拉走，这样太讨厌了。可以和"机动士兵"商量好一会儿（或是第二天）再接着玩。答应了就要做到。

本章用到的突击队员爸爸术语

拂晓时分：指早上很早的时候。

无故离队：未请假外出。指孩子在没得到允许的情况下离开饭桌。

基础救生包：用来装日常必需品的包。

宝宝兵：婴儿士兵。不能自由行动的宝宝。

便装：非制服类的衣服。

机动士兵：能够挪步、爬行、站立和行走的幼儿。

修整：休息和恢复。

小分队：家人。

第 7 章

士气大振：突击队员爸爸的秘密武器

摘要：

做父母是一项至关重要、责任重大且意义非凡的工作。但是，有时候，老婆可能会觉得这工作形单影只、毫无意义而且出力不讨好。因此，你要建立并保持高涨的士气，这样，在面对"低潮"时，你们才能有备无患。

目标：

经过简介，你将更好地理解：

- 什么叫士气？
- 如何判断士气是否低落。
- 如何建立长期士气。
- 如何在困境中保持士气。
- 如何接受并寻求帮助。
- 后援团的重要性。

什么叫士气?

士气这个概念很难解释,但你很容易感受到。士气高涨时,你会信心十足,做事充满热情和动力。士气高涨才有战斗力,从而有助于提升你的自信和热情。即使哪天特别不顺,你也只会觉得就是这天倒霉而已,但并不妨碍你长远来看仍自认为是精明强干的优秀父母。而且,你仍然会积极地朝着最佳老爸的目标努力。

士气低落的时候,你会觉得自己很无能,或是怀疑自己的能力。低落感挥之不去。在这种情况下,很难成为有战斗力的父母。

从现在开始,你可以通过以下方法来改善士气。

如何建立长期士气

以下是突击队员爸爸建立士气的四个基本原则:

1. 保持健康的体魄:当父母很耗精力。良好的饮食和充分的锻炼会让你占尽优势。如果大本营里的"宝宝兵"或者"机动士兵"还很小,你很难睡整晚。养成良好的睡眠习惯非常重要(这样才能尽可能地多睡一会儿)。更多信息请参考第 3 章。

2. 完善各项程序:制定完善的程序并坚持执行,有助于建立自信和积极性。固定程序可以减轻焦虑,让生活变得简单。

3. 善用后援团:为人父母的艰辛往往不被认可。你的"机动士兵"永远都不会因为你某天表现特别出色而感谢你(正如你还是"机动士兵"时也未曾感谢过你的父母)。这项工作可能会让你觉得出力不讨好。你的后援团——家人、朋友和志趣相投的人们——会认可并乐于分享你的成就。他们也会在你面临困境时支持你。不要低估了人际网络的积极效应。

4.善待自己：为人父母意味着要不断面对新的挑战和经历。有时候你表现得很好，有时候你表现得不太好。要不断提升自己的技能，但不要对自己过于苛刻。只要你爱护孩子，确保他们身体健康，安全有保证，你就做得非常好了。而且，你会做得越来越好。

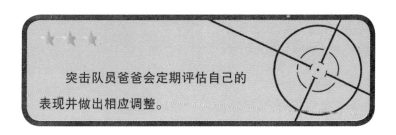

★ ★ ★

突击队员爸爸会定期评估自己的表现并做出相应调整。

突击队员爸爸重要提示

要学会理解"感应爆炸"——由你引发的一连串情绪反应。如果你积极乐观，孩子们也会像你一样做个乐天派。如果你总是心烦意乱、一脸愤怒或垂头丧气，孩子们也会像你一样。

保持小分队士气高涨十分重要。基础是要互相支持，尤其要特别关心那么辛苦的老婆。你积极乐观的心态也会让孩子有安全感。他们知道你无所畏惧，一切尽在掌控。

> **突击队员爸爸重要提示**
>
> 士气高昂的家庭生性乐观，不管遇到什么困难都能迅速复原。他们抱有一种"感恩的心态"，总能看到事情积极的一面。对你的孩子来说，这是一份大礼。

如何在困境中保持士气

如果孩子看到你面临困境时积极主动，他们面对困难时也会充满自信。

突击队员爸爸不能控制自己的感受，但能控制自己的行为。

在困境中保持士气的三个关键是：

- 准备充分：你一直执行的各项程序会有助于保持士气。
- 积极乐观：不要被眼前的困难吓住。眼光放长远些，保持乐观的心态。

- 随机应变：开动想象、创造性地解决问题。放下手头的事情——做一些与之完全不同的事情——能迅速改变消极处境。以下是经尝试验证的一些示例：

  - 堵在车流中，孩子濒临崩溃了吗？在下个出口出去，带孩子去公园吧。"宝宝兵"会喜欢换个节奏，呼吸一下那儿的新鲜空气。"机动士兵"可以在那儿四处跑动。

  - 说好要来的亲戚临时来不了了？给"机动士兵"最好的朋友的父母打个电话，约出来一起玩吧。

  - 下雨了？来个室内野餐吧。把床单搭在桌子上（或是沙发背上）就变成帐篷了。

不过，有的问题没这么好解决。万一遇到这种不太好解决的情况，保持"机动士兵"士气的黄金准则是：

- 告诉孩子失望、愤怒和灰心等情绪是遇到负面情形时的自然反应。让"机动士兵"不用担心，一切都会好起来。

- 共情。不要漠视"机动士兵"的感受。比如说，如果他心爱的宠物死了，不要说"不就是一条金鱼嘛"。要接纳"机动士兵"的情绪，并安排一场适当的告别仪式。

- 坚持标准操作规程：这会让小分队都觉得安心。

- 不要攀比。有的孩子可能会恢复得比较快。这很自然。要给"机动士兵"充分的时间。

- 鼓励"机动士兵"去做他们喜欢的任何事情，尤其是擅长的事情。积极情绪在人处于困境时会有奇迹般的效果。
- 不要通过食物来诱发积极情绪。例如，不要告诉"机动士兵"吃了甜食就会感觉好一些。这样无异于告诉孩子食物能解决问题。实际上并不能。
- 表扬孩子。这有助于加强"机动士兵"的积极情绪。

如何接受和寻求帮助

做父母是一项全年无休的工作。所以，有人帮你就尽管接受，有需要就尽管提出吧。这并不代表你不称职。每个领域最强大的人也都会有一个团队与其协作。就连以独立作战闻名的特种空勤团也会确保自己有支援。

人们其实很想帮你，但常常不知道你需要什么帮助。如果你不习惯张口求助，你可能也不清楚自己需要什么。要实际一些。以下是一些可以请信得过的朋友和家人帮忙的事情，这会对你很有帮助：

- 带一些晚餐吃的食物。如果你已经做好了晚餐，可以冷藏起来。
- 请他们在来大本营的路上捎一些必需品，例如吃的、纸尿裤、湿巾等。
- 做一些轻松的大本营管理工作，比如洗碗、洗衣服、晾衣服等。
- 请他们给"宝宝兵"或"机动士兵"洗个澡，你可以趁机休整一下，打个盹儿，打理一下自己（洗澡、刮胡子、洗头）或者出去散散步。

突击队员爸爸重要提示

如果有客人要来你家，一定要安排在你觉得方便的时候。你不需要迎合客人。

建议

很多人都会想给你出主意。这可能是好事，尤其是对于没经验的父母来说。但是，养孩子没什么准则可言。每个孩子都是一个独立的个体。对其他父母有用的方法不见得对你们也有用。甚至对每个孩子的作用也不尽相同。要勇于尝试新鲜事物，更要勇于终止无效的措施。毕竟，我们都是在试错中学习。

突击队员爸爸重要提示

要注意，有的人会因为你没有采纳他的建议而生气。其实他们并不是在给你建议。他们是在命令你。你不用听他们的。

后援网络

和同病相怜的人吐槽可以减轻一些压力，但长远来看并不是好办法。没必要总是喋喋不休地抱怨做父母有多难。你知道有多难。你得找到有用的好对策，去让做父母这件事变得充满乐趣、意义非凡。

你可以组建或是加入一个和你志趣相投的人组成的群体。他们要和你一样对如何做好父母充满热情和积极性。这个后援网络里的人都要朝着同一个目标努力：努力做最好的父母，培养出令你们骄傲的快乐、健康、有担当的"宝宝兵"和"机动士兵"。当你感觉低落的时候，他们的热情会激励到你。反之亦然。

物以类聚，人以群分。志趣相投的人会相互吸引。你可以去参加本地的父母互助小组。你会在本地报纸、贴在手术室、图书馆等社区公共场所的广告或是网上找到他们的消息。在这些小组里，你会遇到那些你愿意引为后援的人，而你也会变成别人的后援。

本章用到的突击队员爸爸术语

大本营：家里。

大本营管理：做家务。

宝宝兵：婴儿士兵。不能自由行动的宝宝。

打理自己：洗澡、刮胡子、洗头。

休整：休息和恢复。

感应爆炸：由你引发的一连串情绪反应。

小分队：家人。

第 8 章

呼叫医生：基础急救和队内维护

摘要：

对孩子来说，生活就是充满磕磕碰碰和蚊叮虫咬的战场。你得学会分辨哪些是小毛病，哪些是需要紧急求助的严重情况。下文提供的信息谨供参考。如果你对"宝宝兵"或是"机动士兵"的健康状况有任何疑虑，请向医疗小组求助。

目标：

经过简介，你将更好地理解孩子们的常见病症和一些较为严重的疾病，以及如何应对这些病症。

- 如何配置"宝宝兵"或"机动士兵"的基础急救箱。
- 发烧：如何判断及处理方法。
- 轻伤的处置方法。
- 常见病症：如何判断及处理方法。
- 需采取紧急措施的情况：征兆及症状。

突击队员爸爸会全力以赴照顾
队员。

突击队员爸爸重要提示

　　接受儿科急救培训有助于提升你的技能和自信。通过网络查询、咨询医院前台或是在本地图书馆查询都能查到培训机构的信息。

如何配置"宝宝兵"或"机动士兵"的基础急救箱

　　给"宝宝兵"或"机动士兵"配置急救箱的黄金法则是：

- 急救箱要放在你可以轻松拿到，但孩子们够不到的地方。
- 每月检查急救箱，添置物品并替换过期药品。
- 固定一个箱子作为急救箱，并放在固定的地方。

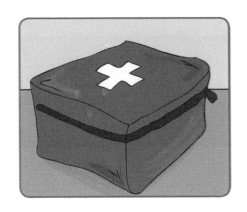

宝宝基础急救箱：核心工具

- 袋装的儿童用对乙酰氨基酚和儿童用布洛芬（瓶装的会显得凌乱）。喂药前仔细阅读标签，确认孩子是否符合用药的体重和年龄要求。
- 医用胶布。自粘式胶布有助快速恢复。
- 手指绷带。
- 抗菌膏剂，也可用于蚊虫叮咬。
- 抗菌湿巾。

硬件

- 体温计。
- 喂药勺或婴儿用注射器（用于喂药）。
- 镊子。
- 剪刀。

其余有用的物品（可视需要购买）

- 棉片和棉球。
- 快速冷敷包。
- 盐溶液和洗眼液。
- 袋装补液盐（用于补充腹泻和呕吐时流失的盐分和矿物质）。务必按医嘱服用。
- 炉甘石洗剂。

发烧：如何判断及处理方法

5 岁以下的"机动士兵"体温超过 37.5℃（华氏 99.5 度）即为发烧。孩子的脸可能会发红，摸上去发烫。

发烧可能是由于孩子的身体正在对抗炎症，但也可能是由于以下原因：

- 过热：孩子是不是穿得太多了？脱掉多余的衣服，隔 20 分钟再量一次体温。
- 长牙。
- 注射疫苗。

> **突击队员爸爸重要提示**
>
> 我发现给孩子量体温最好的办法是用数字体温计夹在腋下。这是最温和的方法，读取结果也迅速而准确。

如何用数字体温计量体温

使用前阅读厂家说明书。

- 打开体温计，清除上一次读取的体温数值。

- 量体温需要双手操作。让孩子躺下或坐在座位上。

- 将体温计尖端放在孩子腋下皮肤中央。

- 一手扶着体温计，另一手固定孩子的胳膊不要乱动。保持 15 秒左右。

发烧时如何处理

切记：

- 用儿童用对乙酰氨基酚退烧。

- 按说明书指定的剂量服用。

- 给"宝宝兵"或"机动士兵"补充足量水分。鼓励他们少量多次喝水。

切勿：

- 给"机动士兵"吃东西（除非他们要求）。

如果孩子发烧你觉得很担心，请向专业人士寻求帮助。可以给医生打电话咨询。

轻伤的处置方法

处理孩子伤口的时候，要保持冷静并对他表示同情。说话的语气要轻柔。

碰伤和擦伤（"宝宝兵"或"机动士兵"）

- 冷敷可减轻不适，减小碰伤或擦伤的面积。
- 用冷敷布（例如浸过凉水的毛巾、水凝胶冷敷贴、冷冻豆子或是用毛巾包裹的冰块）冷敷。
- 如果皮肤有破损，用抗菌湿巾或消过毒的水（即凉开水）仔细清洗。
- 动作要轻柔：皮肤会很敏感，一碰就疼。

割伤（"宝宝兵"或"机动士兵"）

- 用抗菌湿巾或消过毒的水清洗伤口。
- 如果伤口流血，需立即压迫止血。用干净柔软的纱布轻轻地压在伤口上，过一分钟检查是否还有出血。
- 伤口停止出血后，晾干伤口，抹上抗菌膏剂，视伤口大小用纱布或绷带包扎。
- 如果伤口出血不止，或是未见有愈合的迹象，或是伤口附近有红肿流脓，请向专业人士求助。可以给医生打电话咨询。

动物咬伤和抓伤（"宝宝兵"或"机动士兵"）

- 受伤后立即用抗菌湿巾或消过毒的水彻底清洗伤口并涂抹抗菌膏剂。
- 如果皮肤被动物咬破，即使伤口很小也要去医院就诊。
- 如果伤口较大或较深，立即给医生打电话询问他是否能到现场处置。如果不行，马上带孩子去急诊就诊。

- 任何动物咬伤和抓伤都会导致很高的感染风险。遇有动物咬伤或抓伤，应寻求医疗专业人士的建议。

昆虫叮咬（"宝宝兵"或"机动士兵"）

- 如果能看到昆虫的毒刺，小心地用钝物（如银行卡不太锋利的边）将其清除。不要试图把毒刺挤出来或是用镊子拔出来，否则会导致毒液扩散。
- 冷敷 10 分钟。
- 如果孩子的嘴被蜇了，给他一块冰吮吸或是喝点凉水。
- 如果孩子出现严重过敏反应，包括呼吸困难、面部肿胀、喉咙或嘴唇肿胀或是喘鸣，马上打 120。

荨麻草蜇伤（"宝宝兵"或"机动士兵"）

- 在荨麻草附近找一种长有宽大的绿叶子的大型植物，用其叶片摩擦蜇伤处。
- 如果找不到这种植物，可以抹一点基础救生箱里准备的护臀膏。

流鼻血（"宝宝兵"或"机动士兵"）

- 让孩子坐下并低头。
- 让"机动士兵"用嘴呼吸。给他一块布接住滴下的鼻血。用干净的软布擦掉"宝宝兵"脸上的血。
- 轻轻地用大拇指和食指在鼻孔上方捏住孩子的鼻子。

•捏紧鼻子10分钟。

如果鼻子还是流血或是孩子经常性流鼻血，请给医生打电话咨询。如果怀疑孩子鼻子骨折，请忽略以上步骤并直接带他去急诊就诊。

常见病症：如何判断及处理方法

肠绞痛（"宝宝兵"）

症状

•夜里经常醒来。

•从傍晚开始啼哭不止。

•似乎由于胀气而难受。

处理方法

•肠绞痛没有办法治疗。

•喂奶时要适当地给"宝宝兵"拍嗝。肠绞痛发作时用你最喜欢的方法来拍嗝。

•来回走动有助于安抚宝宝情绪，减轻不适：抱着"宝宝兵"来回走动，轻轻地摇晃他。

•如果"宝宝兵"吃母乳，妈妈要避免吃会导致胀气的食物。

感冒（"宝宝兵"或"机动士兵"）

症状

•流鼻涕。

- 打喷嚏。

- 咳嗽。

- 发烧。

- 逐渐出现以上症状。

处理方法

- 给孩子多喝水。

- 让孩子充分休息。

- 通过儿童用对乙酰氨基酚退烧。

- 如果孩子想吃东西，给他们吃一些新鲜、健康的食物。

- 警惕继发性感染。如有感染，采取相应的治疗措施。

- 保持双手清洁，防止细菌扩散。

哮吼

症状

- 犬吠样咳嗽。

- 声音沙哑。

- 呼吸急促。

处理方法

- 多安抚"宝宝兵"，减轻其不适。

- 给"宝宝兵"多喝水。

- 通过儿童用对乙酰氨基酚退烧。

耳部感染（"宝宝兵"或"机动士兵"）

症状

- 发烧。

- 腹泻。

- 耳朵疼。

- "机动士兵"可能会坐立不安，拉扯耳朵。

- 少数情况下，受感染的耳朵会出血或流脓（鼓膜穿孔）。

处理方法

- 找医生就诊，可能需要吃药。

- 绝对不要把任何东西（例如棉球）放到"宝宝兵"的耳朵里。

- 如果"宝宝兵"的耳朵出血或流脓，用棉球和消过毒的水清理干净并立即就诊。保持双手清洁，防止细菌扩散。

眼部感染及泪腺堵塞（"宝宝兵"）

症状

- 眼睛泪汪汪的。

- 眼睛红肿。

- 眼睛流脓。

- 睡醒后眼部分泌物多。

处理方法

- 找医生就诊，可能需要吃药。

- 眼药水使用不当会对眼睛造成伤害。因此，眼药水只能按医嘱使用。"宝宝兵"眨眼的时候，药就会在眼内扩散。

- 如果眼睛流脓或是分泌物较多，用棉球蘸着消过毒的水给"宝宝兵"清理一下眼睛。

- 从泪腺到外眼角进行擦拭。

- 每个棉球只能擦洗一次。眼部感染的传染性很强。

- 保持双手清洁，防止细菌扩散。

流感（"宝宝兵"或"机动士兵"）

症状

- 发烧。

- 关节疼。

- 畏寒。

- 流鼻涕。

- 咳嗽。

- 嗓子疼。

- 迅速出现以上症状。

处理方法

- 参照感冒处理。

- 用儿童用对乙酰氨基酚和儿童用布洛芬缓解疼痛。

如果孩子高烧不退，请向专业人士求助。立即就诊。

传染性很强的病毒性疾病：如麻疹、水痘（"宝宝兵"或"机动士兵"）

症状

- 水痘：出现红色发痒的皮疹，迅速（24 小时内）起泡结痂。
- 麻疹：出现红棕色斑丘疹，丘疹常会连成片，并伴有类似流感的症状。

处理方法

- 传染期的孩子应尽快和其他孩子（以及孕妇）隔离。
- 找医生就诊，可能需要吃药。
- 用炉甘石洗剂涂擦皮疹可以减轻瘙痒。
- 给孩子多喝水。
- 用儿童用对乙酰氨基酚退烧。
- 保持双手清洁，防止细菌扩散。

便秘（"宝宝兵"或"机动士兵"）

症状

- 大便次数少、持续干硬。
- 发烧。
- 肚子疼，胃不舒服。
- 上厕所间隔时间长。
- 大便困难。

处理方法

- 增加液体摄入。

- 咨询药剂师或医生。

如果孩子的饮食中所含新鲜蔬菜水果不多，应调整其饮食。

乳痂（"宝宝兵"或"机动士兵"）

症状

- "宝宝兵"头上有一层厚厚的鳞状黄色厚痂。

处理方法

- 在指头上抹点橄榄油，轻轻地按摩乳痂。

- 需要的话可以再加点橄榄油，但一定要记得先抹到指头上。每次加几滴即可。

- 用温和的洗发水给"宝宝兵"洗两次头发。

- 用柔软的婴儿梳子或柔软的干毛巾清理脱落的头痂。

脱水（"宝宝兵"或"机动士兵"）

症状

- 每天尿湿的纸尿裤不到 3~4 条。

- 哭的时候没有眼泪或眼泪很少。

- "宝宝兵"：囟门凹陷。

- 体重减轻。

- 嘴唇干燥。

处理方法

- 立即增加孩子的液体摄入（在正常喂养的基础上增加液体摄入量）。6月龄以下的"宝宝兵"不能用自来水作为补充摄入的液体。
- 如果脱水症状持续，立即去医院就诊。

腹泻（"宝宝兵"或"机动士兵"）

症状

- 大便次数多、不成形。
- 稀便带血或有黏液。

处理方法

- 迅速更换纸尿裤，用温和的湿巾或棉片蘸消过毒的水清洗臀部。
- 如果大便带血或有黏液，立即去医院就诊。
- 保持双手清洁，防止细菌扩散。

尿布疹（"宝宝兵"）

症状

- 臀部皮肤红肿。

处理方法

- 迅速更换纸尿裤，用温和的湿巾或棉片蘸消过毒的水清洗臀部。

- 让红疹接触空气可加快干燥恢复。在大本营的时候可以给"宝宝兵"脱掉纸尿裤，让他在干净的毛巾上滚一滚。

- 抹一点基础救生箱里准备的护臀膏。如果"宝宝兵"经常出现尿布疹，可以在每次换纸尿裤的时候都抹点护臀膏。

呕吐（"宝宝兵"或"机动士兵"）

症状

- 爆发性持续呕吐。

- "宝宝兵"精神状态不好（"宝宝兵"一般不受吐奶影响。因此，精神状态不佳可能意味着有其他问题）。

处理方法

- 给"宝宝兵"喂奶后一定要拍嗝。这有助于减少吃奶引起的呕吐，同时也避免了给"宝宝兵"吃得过多。

- 如果呕吐同时伴有腹泻或发烧，可能是其他疾病如感染等的表现。检查是否有其他症状并进行相应处理。

- 保持双手清洁，防止细菌扩散。

如果爆发性呕吐持续超过 24 小时，立即带孩子去医院就诊。

需采取紧急措施的情况：征兆及症状

如果孩子出现脑膜炎或肺炎症状，请打 120 或立刻去急诊处就诊。不要耽搁。医生需要迅速诊断。

脑膜炎（"宝宝兵"或"机动士兵"）

- 细菌性脑膜炎：
    - 发烧。
    - 精神萎靡，反应迟钝。
    - 焦躁。
    - 呕吐。
    - 没有食欲。
    - 皮肤苍白，有斑点。
    - 呆视。
    - 嗜睡，难叫醒。
    - 仅出现在"宝宝兵"身上：头部前方（囟门）肿起。
    - 红色或紫色丘疹。如果用干净的玻璃杯压紧丘疹后，还是能透过杯子看到丘疹，孩子可能是败血症。打120或去急诊处就诊。
    - 迅速出现以上症状。
- 病毒性脑膜炎
    - 类似流感的轻微症状。
    - 颈部僵硬。
    - 肌肉或关节疼痛。
    - 恶心，呕吐。
    - 腹泻。
    - 畏光。

○ 迅速出现以上症状。

肺炎（"宝宝兵"或"机动士兵"）

- 咳嗽。

- 发烧。

- 呼吸急促（每分钟呼吸次数超过 30～40 次）。

- 呼吸时肋骨间皮肤下陷。

本章用到的突击队员爸爸术语

大本营： 家里。

宝宝兵： 婴儿士兵。不能自由行动的宝宝。

机动士兵： 能够挪步、爬行、站立和行走的幼儿。

第 9 章

欢迎来到厕所：如厕训练

摘要：

如厕训练对"机动士兵"来说是个巨大的转变。你得保持乐观的心态，尽可能让训练过程舒服自在。训练过程中可能会有一些小问题，不过你只要想想最终的回报就不算什么了：你很快就能摆脱白天的一堆纸尿裤，不用再整天处理纸尿裤了。

目标：

经过简介，你将更好地理解如何才能帮"机动士兵"掌握上厕所的技巧。

- 如厕训练：什么是如厕训练，如何进行以及何时开始如厕训练。
- 识别"机动士兵"发出的信号。
- 如厕训练黄金法则。
- 如厕训练必备工具。
- 如厕训练程序。

如厕训练：什么是如厕训练，如何进行以及何时开始如厕训练

如厕训练是指"机动士兵"学着掌控身体运作，能够憋住尿意，到了厕所再解决。有时也称为不尿裤子训练。

识别"机动士兵"发出的信号

现在你应该已经明白，每个"机动士兵"都是与众不同的。每个"机动士兵"开始如厕训练的时间都不尽相同。从1岁半开始，注意观察是否有以下迹象：

- "机动士兵"排便更为规律。
- "机动士兵"尿在纸尿裤里的时候有感觉（而且可能尿尿的时候会躲开众人）。
- "机动士兵"尿在纸尿裤里，需要换纸尿裤的时候会告诉你。

- 白天尿湿的纸尿裤越来越少（"机动士兵"学会上厕所以后可能还要穿几年的夜用纸尿裤）。

如厕训练黄金法则

切记：

- 短时间外出时要带好备用衣服和湿巾（基础救生包里已经有一套衣服）以免发生一些小状况。大本营里要有适当的清洁用品。

- 放松、冷静。只是拉屎而已。

- 即使"机动士兵"还没学会上厕所，也可以建立一套程序，包括冲马桶、盖好马桶盖、洗手、烘干。这样做不仅有利于养成良好的卫生习惯，也确保"机动士兵"在任何情况下都能完成这一套程序。

- 表扬、表扬、再表扬。即使"机动士兵"还没学会上厕所，也要表扬他们勇于尝试。

- 给"机动士兵"穿的衣服要方便他自己脱下。可以购买训练裤（一种可以像普通裤子一样穿脱的纸尿裤）。

- 让"机动士兵"看你上厕所，并给他解释一下是怎么回事。

切勿：

- 因为小意外而生气或心烦。"机动士兵"会学你的样子。不论是生气还是心烦意乱，都无助于他们学习新技能。

- 不停地问"机动士兵"要不要上厕所，小题大做。但是，一定要隔一段时间问问他们要不要上厕所——可以是在你上厕所的时候，或是你觉得他们该上厕所的时候。

- 在成功不尿裤子后又开始出现小意外，你觉得你或者"机动士兵"训练失败了。出现这种情况很正常。如果"机动士兵"因此而不高兴，也可以先给他们再穿一段时间的纸尿裤。

- 要求"机动士兵"夜里憋尿。在"机动士兵"能保持至少一周没尿床之前，还是得穿着夜用纸尿裤。"机动士兵"一直到 7 岁还穿夜用纸尿裤的情况并不少见。

- "机动士兵"不想训练甚至不高兴的时候还坚持训练。等他们准备好了，他们就会去用厕所了。

- 看到和"机动士兵"同龄的孩子已经先学会用厕所，就觉得自己家的士兵有问题。如厕训练不是体育比赛。

突击队员爸爸重要提示

是否使用便盆全看个人选择。我给我的"机动士兵"训练时是直接用的坐便椅。除了厕所，我找不出大本营里还有什么地方是我愿意让他们拉粑粑的。

如厕训练必备工具

不用准备很多东西，但一定要确保储物间里货品充足并定期补充货品。

- 便盆或坐便椅（一种能安装在普通马桶圈上的特殊座椅，也就是说，"机动士兵"会坐在马桶上）。
- 如果用便盆，要准备一个防溅垫子。
- 如果用坐便椅，要准备马桶梯。
- 开始阶段用的训练裤。
- 方便"机动士兵"自己解开的宽松衣服。
- 可冲入马桶的湿巾。
- 出现意外时用的清洁用品。
- 夜用纸尿裤。

如厕训练程序

和其他事情一样，突击队员爸爸在进行如厕训练时也会建立一套程序。以下这个程序对我来说很有用处。你可以根据你和"机动士兵"的情况进行修改。

- 如果用便盆，务必保持便盆干净并放在固定的地方。
- 让"机动士兵"自己脱衣服。可以提出帮忙，尤其是你觉得快要出状况的时候，但不要直接上手。
- 如果"机动士兵"尿裤子了，明确地告诉他这没什么，平静地把尿湿的衣服拿到脏衣篮里吧。
- "机动士兵"上完厕所后，可以鼓励他们自己擦屁股（你得帮忙)。

- 如果用坐便椅，用完要盖好盖子并冲水。

- 如果用便盆，用完倒到马桶里，盖好盖子并冲水。

- 你和"机动士兵"都要洗手并烘干。

本章用到的突击队员爸爸术语

基础救生包：用来装日常必需品的包。

大本营：家里。

储物间：大本营内用于存放必需品的场所。

机动士兵：能够挪步、爬行、站立和行走的幼儿。

小分队：家人。

第 10 章

调遣：部队转移

简介：

部队调动是突击队员爸爸日常生活的重要组成部分。部队转移时，要做到有备无患，并保障士兵安全。

目标：

经过简介，你将更好地理解：

- 部队徒步转移注意事项。
  - 婴儿背带选购指南。
  - 婴儿推车选购指南。
  - 旅行系统选购指南。
  - 防走失带选购指南。
  - 婴儿车站立踏板选购指南。
- 部队乘私家车转移注意事项。
  - 汽车安全座椅选购指南。
  - 汽车用工具包选购指南。
  - 汽车用急救箱选购指南。
- 部队乘公共交通工具转移注意事项。
  - 乘公交车或电车注意事项。
  - 乘长途车注意事项。
  - 乘火车注意事项。
  - 乘飞机注意事项。
  - 机场注意事项。
  - 飞行途中注意事项。

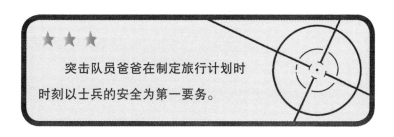

突击队员爸爸在制定旅行计划时时刻以士兵的安全为第一要务。

部队转移的黄金法则

- "宝宝兵"和"机动士兵"的出行用具是个大生意。从婴儿推车到旅行系统,有很多不同的品牌、风格,其特点和价格也各不相同。
- 不要被不适合你生活方式的东西诱惑。
- 购买时重点考虑下文选购指南提及的要素,才能做出正确的选择。

部队徒步转移注意事项

可调节肩带

可调节腰带

轻质背带

婴儿背带是带小"宝宝兵"出门的利器。婴儿背带让"宝宝兵"靠在你的身上，同时又解放了你的双手。其他优势还包括：

- "宝宝兵"会感觉温暖而有安全感。
- 身体的亲近有助于你们建立亲密关系。
- 不占地方。
- "宝宝兵"能撑住头部以后（大约 6 个月以后），部分型号的婴儿背带能让"宝宝兵"面向前方，观察世界。

使用方便性

- 卡扣是否容易扣紧和打开？

实用性

- 你觉得舒服吗？一般来说，肩带越宽越好。
- "宝宝兵"觉得舒服吗？"宝宝兵"的头和身体需要支撑，但胳膊和腿当然可以露在背带外面。
- 洗起来方便吗？

是否合算

- 你打算多久使用一次婴儿背带？这笔钱花得值吗？

切记：

- 多逛逛，才能找到适合你的婴儿背带。
- 把"宝宝兵"放进背带前，先练习一下如何打开和扣上搭扣。

切勿：

- 坐车时让"宝宝兵"待在婴儿背带里——这很危险。"宝宝兵"必须固定在汽车安全座椅内。
- 给"宝宝兵"穿得过多。"宝宝兵"容易热，最好是给他们穿几层轻薄的衣服。

如果挑选得当，婴儿推车可以从出生一直用到学步期。选购婴儿车就和买汽车一样：决定购买前务必试一下。

使用方便性

- 组装方便吗？可以在一手抱着"宝宝兵"的情况下单手操作吗？
- 推起来顺畅吗？可以单手推着走吗？
- 如果你个头较高，推车把手高度是否能调节到适合你的身高？

实用性

- 如果婴儿推车是带孩子出门的主要工具，车下有放东西的置物筐吗？
- 你需要经常把推车搬上搬下吗？车有多沉？体积多大？
- 不用的时候，能轻松收在汽车后备厢或家里吗？
- 是否比一般的商店门宽？

是否合算

- 是否赠送常见配件（遮阳篷、雨罩等），还是需另外购买？

突击队员爸爸重要提示

婴儿推车价格较高。可以考虑购买二手推车。在本地报纸的分类广告、书报亭和超市的布告栏、二手网站都能找到有关二手推车的信息。

旅行系统由汽车安全座椅和推车组成，通常还包括一个睡篮（从而能将坐式推车变为可平躺式推车）。

使用方便性

- 拆卸是否方便？
- 推行是否顺畅？
- 把手高度可调节吗？

实用性

- 其中每项单品是否都符合你的要求？
- 汽车安全座椅能轻松安装在你的车上吗？

是否合算

- 你会考虑单独购买推车、汽车安全座椅（一年内就得更换）和睡篮吗？

- 平躺式推车只有在"宝宝兵"能坐住之前算是有用的出行工具。不过，睡篮也可以作为"宝宝兵"的第一张床。
- 所有部件都是标配吗？还是你得另外购买汽车安全座椅？

"机动士兵"愿意自己走，我们也应该鼓励他们自己走。防走失带和儿童牵引绳既能给蹒跚学步的"机动士兵"更多独立空间，又能保证其安全。防走失带带有一个背带或背包，穿或戴在"机动士兵"身上，保护带从背带或背包处延伸至你的手腕。这种出行方式的优势在于：

- "机动士兵"走路还不稳当的时候很有用。
- "机动士兵"没有交通安全意识。你可以用防走失带将他限制在人行便道内。
- 在人多的地方，防走失带可以提供多一重保护，以免你抓不住"机动士兵"。

使用方便性

- 不用时能装在推车下或是背包里吗？

实用性

- "机动士兵"愿意穿吗？买之前试一下。

是否合算

- 你会用吗？值得买吗？

突击队员爸爸重要提示

"机动士兵"可能会很快就走累了，想要慢条斯理地走。不要不切实际地想着"机动士兵"能走多远。否则，就准备好抱着疲惫不堪的"机动士兵"回家，或是另带交通工具来确保你俩能回到大本营吧。

当"机动士兵"长途行军已达极限，推车里还有个"宝宝兵"时，婴儿车站立踏板会帮上大忙。婴儿车站立踏板是连接在推车后面的一级宽踏板，"机动上兵"可以站在上面。

使用方便性

- 方便安装到你的推车上吗？拆卸是否方便？

实用性

- "机动士兵"愿意站到上面走吗？买之前试一下。

重要性

- 你会用吗？值得购买吗？

144

部队乘坐私家车转移注意事项

在乘坐私家车转移时，汽车安全座椅必不可少——而且是法律要求的。

使用方便性

- 方便从车里拿上拿下吗？熟练了以后，只需 30 秒就能安装好。购买时一定要让经过培训的销售人员给你演示一下如何正确安装，这样你自己安装起来就容易多了，同时也确保了旅程的安全。
- "宝宝兵"没坐在上面的时候，座椅重吗？

实用性

- 座椅能装在你的车上吗？好的卖家会主动提出可以帮你把座椅安装在车里。请他们帮你装，但你要留意是怎么装的，然后自己练习一下。
- 座椅是否给孩子提供了充分的支撑，同时留有成长空间？
- 座椅是否安全？是否符合国际标准？
- 外罩能否拆下清洗？

重要性

- 你考虑购买的型号孩子能用多久？

大孩子或是亲友用过的二手汽车安全座椅也可以使用，但需确保座椅未损坏（也未曾遇到过交通事故）。同时，还需确认这些座椅是否符合上文提及的标准且没有部件缺损。如果说明书已丢失，联系生产厂家再要一份。一定要熟悉座椅的使用方法。如有任何疑问，请向专业人士咨询。

除了汽车安全座椅，私家车里还应包含：

汽车用工具包

工具包应放在汽车杂物箱内或侧门上，可长期存放于车内。如果你忘了带短途旅行用基础救生包，它能救场。

- 湿巾（小包装的湿巾或用三明治纸袋装上几张湿巾）。

- 纸尿裤（2 个）。

- 一套替换衣服。

- 一个纸尿裤袋或塑料袋。

- 绷带。

- 胶条或安全别针。

- 纱布。

- 抗菌膏剂。

- 适合孩子服用的止痛剂。

有关急救的更多信息，请参见第 8 章。至于如何在旅途中哄孩子，请参见第 11 章。

部队乘公共交通工具转移注意事项

乘坐公共交通工具很简单，但也需做好计划。

- 侦察好去往车站的路线。比预计需要的时间提前至少 10 分钟出发。要清楚自己的时间安排。
- 尽量避免在高峰期出行。非高峰时段的公共交通工具客流会少很多。
- 检查出发车站和到达车站的通行设施。寻找轮椅通道的标识。如果你带着婴儿推车，你也会有和轮椅一样的需求。

乘坐公交车或电车注意事项

如果你带着婴儿推车坐车，你可能会遇到一些问题：

- 大部分公交车或电车都有台阶。
- 车门可能不够婴儿推车通过。因此，你必须得单手把推车收好，扛上车（除非有另外的成年人同行）。
- 你得上车，刷卡或交钱（或出示证件）并找座位，同时还得抱着"宝宝兵"，拉着婴儿推车和其他物品。最好是在车启动前就上车。

有了一些经验后，只要你精心安排，这些问题都可以克服：

- 上下车时请别人帮忙。只要你开口求助，人们一般都很乐于帮忙（我从来没遇到过拒绝帮忙的）。
- 随时锁紧推车的刹车。
- 快到站时摁铃提醒司机，等车停稳后再松开推车的刹车前往车门。

有关在公交车和电车上哄孩子的窍门，请参见第 11 章。

乘坐长途汽车注意事项

坐长途汽车比坐公交要容易，因为：

- 你有固定座位，很多东西都可以放在行李舱（短途旅行的基础救生包不能放到长途汽车底部的行李舱）。

- 上下车的时间更充裕。

不过，长途车的台阶一般都很窄，所以你可能还是得找人帮忙。

有关在长途汽车上哄孩子的窍门，请参见第 11 章。

乘火车注意事项

除了需要检查车站通行是否便利，坐火车旅行最主要的问题在于火车和站台边缘之间的缝隙。和坐公交或电车一样：

- 火车走起来的时候记得要锁好推车的刹车。

- 上下车时请别人帮忙。

- 如果是车程较短，可以站在车门边。这片区域很宽敞，不用把推车收起来。

- 如果是长途旅行，把推车收起来并放在车厢尾部的行李舱。

有关在火车上哄孩子的窍门，请参见第 11 章。

乘飞机注意事项

不要因为担心没法让孩子安安静静地坐在座位上，没法长时间哄好孩子就不敢坐飞机出门。不要怕孩子大哭大闹。要保持冷静，做好迎接一切困难的准备。一定要提前和旅行社或航空公司问清楚规则和限制性规定。不要搞得到了机场才发现拿错包了或是行李超重、超大了。

机场注意事项

- 早点去机场。不要让小分队在陌生的土地上匆匆而行，他们会压力倍增的。

  提前做好准备：

  网上值机并打印登机牌。

  准备一份紧急联络人名单，包括目的地的使领馆联系方式（如果是出国旅行的话）。

  视需要准备外币。在机场兑换外币是最不划算的。

  了解目的地情况：查看地图、酒店信息等。

  确认护照在有效期内。查清楚目的地对护照有效期的要求。例如，美国入境要求护照至少有 6 个月的剩余有效期并需在 ESTA（旅游授权电子系统）提前进行登记。

  与机场及航空公司确认行李要求。

- 把相关证件放在容易拿取的包内。

- 登机箱打包要注意。可能的话，可以用背包当登机箱，这样就不用占着胳膊了。

  把基础救生包里的东西都带上，另外再多带一些纸尿裤和零食。有关零食的选择，请参考第 5 章。

○ 根据具体时间，可以在机场来一顿野餐。饿着肚子的士兵可高兴不起来。超过 100 毫升的液体无法带过安检，但你可以带一些三明治和小零食。

○ 塑料勺。

○ 如果航班途中需要睡觉，带上睡衣、玩具和孩子睡觉时喜欢拿着的其他（体积较小的）东西。

• 如果你给"机动士兵"买了座位，他会分到一个行李舱。但是，如无必要，还是不要用了。孩子们没法自己把行李举上去或是拿出来，所有行李搬运的事儿最后都会落在你头上。这纯属不必要的压力。

• 给孩子们穿的衣服要适宜——穿上几层——登机箱里就能少装点儿了。穿的衣服要舒适。带上一件薄绒衣，可以系在腰间，飞机爬升到高空以后会用得着。

• 如果行李托运的队伍很长，也没有其他大人可以帮你带孩子在其他地方等着，镇定一点儿，可以跟孩子们玩一些只用想象完成的游戏（请参见第 11 章）。

• 如果孩子需要坐婴儿推车，你也许不用托运推车。大部分航空公司（提前问一下）都允许把婴儿推车一直推到舱门，等你下飞机的时候在舱门外就可以找到推车了。办完行李托运记得拿行李票，同时也别忘了自己加一个行李标签。

• 如果你的"宝宝兵"很小，你也许可以带旅行婴儿床登机。旅行婴儿床其实是一个可折叠的纸板盒。不过，你得坐在第一排才能放得下婴儿床（一般座位空间不够）。如果你网上值机选不到第一排的座位，早点去柜台值机，可以要求坐第一排。带"宝宝兵"的乘客一般会被优先安排坐在第一排。

- 如果"宝宝兵"是母乳喂养，你想带一瓶挤好的母乳，请提前与航空公司确认是否可行。
- 很多航空公司会让带"宝宝兵"或"机动士兵"的父母优先登机。到登机口问一下。

飞行途中注意事项

- 飞机起飞时的气压变化会让孩子感到耳鸣。根据"宝宝兵"或"机动士兵"的年龄，可以让他们吮吸安抚奶嘴、喝水、打哈欠或是模仿小鱼吐泡来减少耳鸣。
- 让乘务人员帮忙——他们才真是带"宝宝兵"空中旅行的专家。他们会在起飞前帮你把"宝宝兵"的安全带和你的安全带连接在一起，会在航程中帮你固定婴儿床，甚至还会在你需要上厕所或是带其他孩子走走时帮你看着"宝宝兵"。乘务人员还会给你热水泡奶粉，帮你加热凉了的奶粉或是挤好的母乳。

有关在飞行途中哄孩子的窍门，请参见第 11 章。

突击队员爸爸重要提示

　　手提行李内携带的液体数量有规定限制，且液体容器的容积不能超过 100 毫升。万一孩子渴了，这就麻烦了。可以根据孩子的年龄带一些空水瓶或杯子。过了安检就能给瓶子或杯子里灌水了。如果找不到饮水机，可以买一大瓶瓶装水分开。

本章用到的突击队员爸爸术语

大本营：家里。

基础救生包：用来装日常必需品的包。

慢条斯理：做事情很慢。本章中指"机动士兵"走路
很慢。

宝宝兵：婴儿士兵。不能自由行动的宝宝。

侦察：为获取信息而采取的行动。本章中指摸清路线。

标准操作规程：必须始终按相同方式完成事务。

长途行军：活动剧烈的远距离步行。

第11章

与部队一起娱乐

简介:

振作点儿，小伙子。你的首要任务是帮助老婆一起照顾好"士兵"。你得学会陪孩子玩并吸引他们的兴趣这个关键技能。一旦小"士兵"觉得没意思或不好玩，他们转眼就能从可爱的小盟军变成面目可憎的敌人。不要落到这一步。

目标:

经过简介，你会了解：

- 陪孩子玩的黄金法则。
- 在室内和室外的时候怎么陪孩子玩。
- 适合在旅途中玩的游戏。

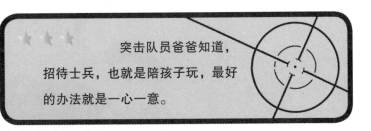

突击队员爸爸知道，招待士兵，也就是陪孩子玩，最好的办法就是一心一意。

陪孩子玩的黄金法则

- "宝宝兵"和"机动士兵"最喜欢的是你一心一意地陪在身边。不管做什么游戏，只要你陪他们一起玩，他们都会非常喜欢。这点我可以保证。

- "机动士兵"喜欢唱歌，也喜欢听歌。他们是很包容的听众。锻炼一下你的声带吧。你会用得着的。

- 可以玩一些经典游戏：捉迷藏、猜词语、脚趾游戏、手指游戏以及其他很多你以为自己早已忘了——但实际上没忘——的游戏。

- "机动士兵"学会说话以后会很喜欢"找东西"的游戏。这种游戏不需要特殊道具，而且可以变出很多花样。比如说，你们可以找圣诞树、小鸟、奶牛、黄色的汽车……你懂的。

- 不要被洗脑，觉得"机动士兵"必须得有电子玩具才会开心。孩子们的想象力天马行空。不妨做一些需要运用想象力的游戏。

在大本营里陪孩子玩

你也许不能每天24小时陪着孩子。你有很多事要做，有时还得和小分队分开。不要浪费时间去内疚自责了。这没有任何帮助。

你要百分百地投入，努力成为老婆的好帮手，成为最好的爸爸。还是把精力放在怎么才能保证和孩子共度的每一秒都有意义上吧。

切记：

- 每天抽时间一心一意地陪孩子。
- 给孩子创造趣味盎然且安全的环境。"宝宝兵"不喜欢柔和的颜色。挑选颜色鲜艳的玩具，有助于激发"宝宝兵"的想象力。
- 收集一些给婴儿听的音乐和故事，定期播放。
- 每天给孩子念点东西，可以是婴儿画报、足球比分、报纸、信件。

切勿：

- 不要给自己施加压力，觉得必须想办法哄孩子玩。他们只要知道你在跟前就好。陪着他们，说说话。你们会建立起长期的融洽关系。待在一起，聊聊天，唱唱歌，互相挠痒痒，开怀大笑。
- 不管孩子多小，不要忘了和他们聊聊天。和孩子聊天不一定要用儿语。我就从来不用儿语。怎么舒服怎么说就行。
- 如果你不想让"机动士兵"说某些词，那你就绝对不要说。否则他们会经常说的。

随着"宝宝兵"的成长发育，他们会需要更多游戏的刺激。稍加注意就能判断他喜不喜欢新游戏。如果"宝宝兵"做新游戏的时候笑得很开心，那说明他很喜欢这个游戏。如果他焦躁不安、不知所措或是哭起来——前提是你确定他不是累了、饿了、渴了或是不舒服——那说明他不喜欢。就这么简单。

固定的程序让人觉得安心。随着"宝宝兵"的成长，他们会不断尝试新事物，但不要一下改变太多。

突击队员爸爸重要提示

如果你得在睡觉时间离开大本营，可以录几段你读的孩子最喜欢的故事。

适合大本营的游戏

在大本营或是附近有很多方法可以陪孩子玩：

- 逛公园：公园很适合玩"找东西"和"听东西"的游戏。
- 声音游戏：唱歌或是模仿动物叫声。
- 玩球："机动士兵"还没学会抛接球之前，很喜欢抱着球或是滚球玩。
- 一起玩适合孩子年龄的迷宫游戏。

更多适合"机动士兵"的游戏：

- 在花园或是窗台种一些植物："机动士兵"年龄越小，越要挑选长得快的植物，才能吸引他们的注意力。水芹和向日葵都是不错的选择。

- 做饭：大一点的"机动士兵"很愿意在厨房帮忙。可以从他爱吃且简单易做的食物开始，比如面包配果酱。别担心他会把桌子弄得乱七八糟。一会儿工夫就能收拾好，"机动士兵"的好心情和成就感可是会持续很久的。
- 一起玩游戏：搭房子、捉迷藏、泰迪熊的野餐游戏等。
- 制作卡片：大一点的"机动士兵"喜欢装饰纸张或卡片送给亲友。

玩具

孩子们玩耍时拿着的各种东西——从大纸箱到最新款的电子设备——都是玩具。不要因为某种玩具很流行就觉得有必要购买。你已经给了孩子最好的礼物：你的关心和爱护。

突击队员爸爸重要提示

0~3岁孩子的玩具往往还没坏就已经不适合他们玩了。因此，你能从亲友、亲子班、分类广告、慈善商店等地方找到很多很好的玩具。

各年龄段的小孩都喜欢带声音的玩具。任何能让小孩制造出音乐的东西都会很受欢迎。但是，给孩子的"乐器"一定要符合他的年龄，而且，不要一次给他太多能弄出声音的东西。不然，你和孩子都会觉得太刺激了。

你们不可能同时玩很多种玩具。孩子们会有自己的最爱。你可以考虑另外多给 3～5 个让他挑着玩，但是，不要让那些价格昂贵、孩子又没时间或没兴趣玩的玩具占了地方。

突击队员爸爸重要提示

玩具馆能保证孩子总有"新"玩具。当孩子对某个玩具不再感兴趣后，可以把玩具还回去。找找离你家最近的玩具图书馆。如果孩子喜欢上了玩具馆里的某种玩具，请记在新年或生日的礼物清单上。

如果"机动士兵"过新年或生日时收到很多礼物，先藏起一些不受年龄限制的，比如画笔套装、橡皮泥、填色书等。在接下来的几个月里慢慢拿出来，"机动士兵"会更喜欢这些"新"玩具。挑选符合"机动士兵"年龄的玩具给他玩，并让他自己决定要哪个。他不喜欢的玩具可以保存好、捐给慈善机构，他们会在过年时把这些作为礼物送给贫困家庭的孩子。

电视

电视机可以作为启发和教育孩子的工具。但是，我们不能，也不应该把电视当成全天候保姆。要限制孩子看电视的时间。白天给小朋友看的节目是不错，但选择一下再看吧。

电影

"机动士兵"可以和哥哥姐姐或是和你一起观看适合他年龄

的电影。他们很快就会告诉你哪些是他最爱的角色和电影。"机动士兵"喜欢翻来覆去地看一部电影，所以，做好多次观看他喜欢的电影的准备吧。给他几个电影让他挑选，他就能学会做出选择。这也为"机动士兵"大了以后玩角色扮演提供了机会（比如说，假装你是小红帽）。

行军途中怎么陪孩子玩

你得随机应变，适应旅途中的各种状况，同时还得哄好孩子。要考虑到各种可能性。在大部分交通工具中，孩子都不能跑来跑去。所以，你得掌握一些"静态"游戏。

如果你需要在行军途中带玩具，少带点儿。

切记：

- 把所有玩具收在一个地方，最好是用一个小塑料袋装着，放在基础救生包里。
- 给"宝宝兵"带几个适合他年龄的互动玩具。"宝宝兵"喜欢触摸不同的质地，喜欢听柔和的响声，比如摩擦声和吱吱声（他们抓到什么都往嘴里放，所以一定要避免很硬或是锋利的玩具）。

切勿：

- 携带有小零件的玩具——肯定会丢的。
- 带太多玩具。你不想背个玩具箱吧。

电子设备

电子设备可以让"机动士兵"在旅途中心情愉快。偶尔给他们玩玩，他们就不会老缠着你，你就可以做些别的事情，比如休整一下。以下是一些带着会很有用的设备：

- 便携 DVD 机和"机动士兵"挑选的影片。

- 笔记本电脑。能联网的时候可以用来看电影，也能访问专门给"机动士兵"设计的网站，上面往往会有他们最爱的电视节目。

- MP3 播放器，里面存上孩子们最喜欢的歌曲和故事。声音不要调得太高，要么就让他们戴上耳机。"宝宝兵"不能用耳机。

- 手机。你可以下载一些"机动士兵"最喜欢的歌曲和故事，让他们戴上耳机听，或是打开外放。乘坐公共交通工具的话要照顾其他乘客的感受。

准备好充电器。有的充电器能插到车上的点烟器插座上。多通路充电器能同时给导航仪和其他电器充电。如果坐长途车、火车或飞机，提前确认一下是否有电源插座。出国的话，一定要买万能转换插头。

部队徒步转移时如何陪孩子玩

婴儿推车注意事项

最好是让"宝宝兵"面向你坐在推车内。他们会觉得安心，你也方便哄孩子。你可以做鬼脸、吐舌头，对着宝宝微笑，和他聊天。如果用推车专用互动玩具，一定要确保推车挂上这些玩具后还能正常收起。

突击队员爸爸重要提示

让"宝宝兵"长时间坐在汽车安全座椅或推车内对孩子不好。坐汽车长途旅行时，每隔 2 小时左右休息一下。如果是乘坐公共交通工具，有可能的话，就不要让"宝宝兵"坐在汽车安全座椅或推车里。

部队乘私家车转移时如何哄好孩子

车里不太好展开互动。最需要关注的是孩子的安全。任何会让你开车走神的游戏都要拒绝陪玩或及时中止。

突击队员爸爸重要提示

针对大一点的"机动士兵"，可以设定一个专用提醒词，告诉他们得马上安静。我们用的是"地图"。

宝宝兵

- 有一些"宝宝兵"的互动玩具能拴在汽车安全座椅上。但要注意不要拴得太多,否则就太闹腾了。
- 聊天、唱歌、听音乐或是广播,这些事情和玩玩具一样有趣。

机动士兵

- "找东西"游戏适合所有乘客玩。我们坐车时最爱玩的是"Mini 车达"游戏(注:Mini 车达是一种游戏,玩家沿路寻找黄色的 Mini 车,发现相应车辆后即可得分)。"机动士兵"发现一辆黄车可以得 5 分,发现一辆 Mini 可以得 10 分,发现一辆黄色 Mini("Mini 车达")可以得 25 分。最先得到 100 分的就是赢家。每次游戏只能允许一次失误,不然的话,"机动士兵"在每条街上都能"发现"黄色 Mini。
- 看书很有趣。随着"机动士兵"年龄渐长,他们就能给你描述书里讲的内容,还能给你和其他乘客"读书"。
- 电子玩具也很好玩,但一定要保证这些玩具不会分散你的注意力。如果会影响到你,要么在出发前静音,让"机动士兵"戴上耳机,要么就别带了。

部队乘公共交通工具转移时如何哄好孩子

公交车或电车注意事项

　　公交车或电车上玩的游戏得是不需要道具、在小范围内就能开展的。孩子们喜欢你的声音，跟他们聊聊天。唱歌也很好，尤其是那些可以根据行程长短调整的歌。《汽车的轮子转呀转》无疑是最适合的了。《十个绿瓶子》也不错。此外：

"宝宝兵"还可以玩：

- 有眼神接触的游戏，如"躲猫猫"（用手把脸一隐一现逗小孩玩）、做鬼脸。

"机动士兵"还可以玩：

- 有眼神接触的游戏，如"躲猫猫"、做鬼脸。也可以讲故事，请"机动士兵"给你讲个经典故事。
- "找东西"游戏。

火车注意事项

公交上玩的游戏在短距离火车旅行时都可以玩。路程较远的话，预定一张桌子，这样你就有额外空间，可以带一些玩具来玩。

"宝宝兵"

- 把"宝宝兵"从汽车安全座椅或推车里抱出来。可以让他在你腿上跳一跳。抱紧了。
- 和"宝宝兵"互动。
- 带几件适合他玩的互动玩具。

"机动士兵"

- 带上填色书、水彩笔或铅笔、纸和扑克牌。
- 确认是否有电源。可以的话，带一台 iPad 或是笔记本电脑，可以给"机动士兵"看他最喜欢的电影。

飞机注意事项

越来越多的机场布置了带有柔软地面，供"机动士兵"玩耍的区域。提前查一下出发和到达的机场是否有此类设施。如果没有——或者已满员——准备好其他玩具。

一般来说，机场地方都很大，但人不会很多。这种情况下，可以利用空着的区域，但要密切关注"机动士兵"。孩子们喜欢玩沙滩排球（出发前可以把气放掉），"机动士兵"喜欢你给他们计时的游戏。例如，你可以说，"看看你走到那个柱子再回来要多久""跳 5 下"。静态游戏可以留着待会需要的时候再玩。

- 过了安检到达登机口后，把"机动士兵"拉在身边，给他一本新漫画书或者故事书。不要带他喜欢的旧书，丢了就找不回来了。不要把孩子睡觉时喜欢拿着的东西从手提行李里拿出来（如果航班途中要睡觉，你应该带上这个东西了），丢了可就麻烦了。

- 飞行途中，尤其是飞机已经飞到高处以后，"机动士兵"经常会收到一个游戏套装，里面一般是蜡笔和填色书。此外，还有一些很棒的机上娱乐活动。光是坐飞机就够孩子们新鲜一阵了。但是，如果"机动士兵"觉得无聊或紧张，你们熟悉的静态游戏有助于让他放松和高兴起来。

离家在外怎么陪孩子玩

你会经常带着孩子出门。以下是一些适合在外面玩的游戏：

- 公园：喂鸭子，野餐，在树叶堆里蹦跳（或者是在雪堆上或水潭里跳来跳去，但是得有适当的装备），荡秋千，滑滑梯，玩球，认识小伙伴等。

- 图书馆：加入本地图书馆会员。什么时候开始让孩子看书都不早。图书馆里有专为孩子们设计的非常有趣的区域，还有故事小组等活动。不管你去哪个城市，你周围总会有一家图书馆。

- 博物馆：现代的博物馆给"机动士兵"安排了有趣的互动活动，而且一般是免费的。查一下你当地的博物馆。和图书馆一样，出门玩的时候去博物馆准错不了。

- 游泳：游泳是一项重要的生存技能。让"机动士兵"学游泳有助于建立自信，而且游泳本身也很好玩。去报个培训班吧。

- 快乐出游：动物园、城堡、森林、宠物乐园。在网上查一查。你会惊喜地发现很多有趣的地方和免费的活动。

突击队员爸爸重要提示

"机动士兵"喜欢换个地方做他喜欢的事情。他喜欢喂鸭子吗？带他去以前没去过的公园喂鸭子吧。你一般开车带他出去玩吗？那就坐公交或者走路去吧。

户外娱乐

只要有场地和想象力，就能在户外做游戏，因此，户外游戏的机会很多。户外游戏不仅好玩，而且能够消耗孩子们的精力，教会他们团队合作。同时，户外游戏价格低廉甚至可能免费。我高度推荐。

户外探险黄金法则

- 注意安全。要看好"宝宝兵"和"机动士兵"。

- 和"机动士兵"全情投入。

- 游戏要适合孩子年龄。

- 最好能在参加户外活动前彻底侦察一番。

- 多带点儿吃的。"机动士兵"会胃口大开的。

- 穿戴要适宜。阴冷潮湿会影响士气。

- 要么开车去目的地，要么就走路去近点儿的地方。长途行军会把"机动士兵"累坏的。

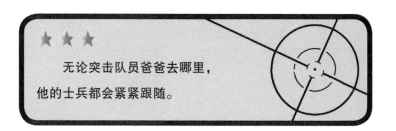

★ ★ ★

　　　无论突击队员爸爸去哪里，他的士兵都会紧紧跟随。

"机动士兵"可以参与的户外游戏

　　"机动士兵"会很喜欢以下两种类型的户外游戏：

材料收集游戏：在户外寻找能做成各种作品的材料。以下是材料收集游戏的例子：

- 艺术品材料：带着"机动士兵"，带上一个小袋子（不要拿太大的包，装满了会很沉），让他们捡树叶、树枝、种子、橡果、花儿等，回家以后可以做成一幅画。要注意的是只能捡掉落在地上的东西，不能采摘植物、树木和灌木。

- 自然腕带：只需要一卷胶带就能玩，但却乐趣十足。用胶带给每个"机动士兵"做个"手镯"，把有黏性的那面朝外，让他们去收集小东西，你帮忙粘到胶带上面。回家后把腕带剪开，可以回忆一下一天的活动，还可以展示起来（展示在冰箱门上就不错）。

突击队员爸爸重要提示

一定要告诉"机动士兵"，材料收集过程中捡到的任何浆果、种子、蘑菇都不能吃。

锻炼技能的游戏：通过这类游戏可以培养"机动士兵"一些重要技能，如观察能力、听觉、遵循指令的能力。以下是一些示例供你参考：

- 找路游戏：利用掉在地上的东西做一些简单的记号。最好

用的记号是小树枝做成的箭头，可以标记方向变化。也可
以用石头堆成小堆做记号。随后沿着自己做好的记号回到
出发点。

- 听指挥：你先当指挥，让"机动士兵"跟着你做动作。找
  个开阔场地。可以围着树跑步，蹦蹦跳跳。你和"机动士
  兵"可以轮流当指挥。这个游戏也可以升级为让"机动士
  兵"按照你发出的指令来做动作，例如，"原地跑！""单
  脚跳！"等等。

购物时怎么和孩子玩

只要有可能，千万不要把最小的"宝宝兵"放在家里。即便
对你而言，这也相当有挑战性。如果你带着"机动士兵"一起购
物，要想让他们不无聊，最好的办法就是让他参与进来。和其他
事情一样，提前备好购物清单能有效地缩短短途外出购物所需的
时间。

- 即使你买的东西不多，也要拿一辆购物车让孩子坐在里
  面。大部分超市的购物车都能安装汽车安全座椅，或是带
  有专为"宝宝兵"设计的座位。
- 让"机动士兵"帮你把打不破、重量轻的东西放进购
  物车。
- 让"机动士兵"找找他们认识的东西——比如说香蕉。
- 找颜色——指定一种颜色，让孩子们在逛商店过程中尽可
  能多地找到带有这种颜色的物品。

突击队员爸爸重要提示

购物前要提前商量好要不要给"机动士兵"一些奖励，比如巧克力或是漫画书。商量好了就要坚持。不要因为孩子总念叨甚至"无休止地发送要求"就改变主意。如果你没有坚持商量好的结果，"机动士兵"就会学会重要的一招：只要他们呜呜地哭个不停，想要什么都能要到。

亲子班

亲子班是带孩子玩耍的好地方。孩子们可以在安全的环境里游戏，还能探索新环境、认识新朋友。你也有机会认识一下其他父母和小孩的照顾人，这能帮你增进自信，提升士气（请参见第7章）。

突击队员爸爸重要提示

一定要给"机动士兵"独立玩耍的机会。勇于退后一步，你会惊喜地发现，"机动士兵"自己能做好多事。

"机动士兵"喜欢和同龄人一起玩耍。这有助于他们了解自身、认识世界。但是，"机动士兵"要到2岁左右才会持续想和

173

其他"机动士兵"玩耍、互动。有时他们会一起玩，有时则不会。不要强迫他们。

如果你是亲子班上唯一的男性，不要紧张。你们有世界上最重要的共同之处：你们都是父母。

本章用到的突击队员爸爸术语

大本营：家里。

基础救生包：用来装日常必需品的包。

宝宝兵：婴儿士兵。不能自由行动的宝宝。

无休止地发送要求："机动士兵"不停地跟你说话，好像
不需要停顿或者喘气。

休整：休息和恢复。

侦察：为获取信息而采取的行动。本章中指提前了解
情况。

小憩：休息。

短途外出：离开大本营，短距离外出。

小分队：家人。

长途行军：活动剧烈的远距离步行。

第 12 章

准备开战

简介：

生活中免不了会有冲突。避免冲突或减轻冲突影响的最佳办法之一是在小分队内设立明确的界限，把孩子管教好。

目标：

经过简介，你将更好地理解：

- 设立界限的重要性。
- 什么是管教，什么时候管教孩子，如何管教孩子。
- 小分队条例：立规矩。
- 手榴弹：孩子发脾气怎么办。
- 如何避免战斗疲劳。
- 如何以突击队员爸爸特有的镇定自若和领导魅力处理孩子发脾气的问题。

设立界限

设立界限是为了让孩子清楚小分队里可接受的行为极限。界限的基础是规矩——以及违反规矩后的惩罚措施。

如果你觉得孩子不喜欢界限，那可不对。孩子们需要界限，因为界限能给他们带来安全感，同时也让他们有反抗的对象。没有界限，"机动士兵"终将会觉得不安。

界限要明确，并且在执行上要保持一致。小分队里的每个成员——包括大人——都要坚守同样的界限。

突击队员爸爸知道，
关键是要保持一致性。

为了大家考虑，你在育儿的方方面面都要注意保持一致。如果你没能保持一致，你和"机动士兵"都会感到不安、困惑和沮丧。坚持努力，才能成为出色的父母。

突击队员爸爸重要提示

如果无需用楼梯防护门来隔离宠物和孩子，不要过早安装。否则，在最初几周内，楼梯防护门也会成为一大障碍。

保持一致很重要，但这并不是说不起作用的界限也得坚持执行。你得找到适合你和孩子的界限并坚持执行。一旦界限失去作用，就要改变它。育儿过程中，没有什么策略是所有父母能一直执行的。这是一个不断试错的过程。错误不可怕，因为你能从错误中学习，进而提高自身技能，成为富有战斗力的爸爸。

管教孩子

管教是指教导"机动士兵"遵守规矩，并用符合其年龄的惩罚措施来引导其行为。管教的目的不在于惩罚，而在于保证"机动士兵"的安全并教导他们。要管教好孩子，首先得制定小分队条例，或者叫家规。

小分队条例

3岁以内的"机动士兵"词汇量十分有限。因此，在立规矩的时候要注意：

切记：

- 运用抚摸、身体语言和语调进行非语言交流。
- 和"机动士兵"保持眼神接触。
- 以身作则，才能号召"机动士兵"赶超你。

切勿：

- 啰哩啰唆。

- 立太多规矩。
- 用矛盾信号让"机动士兵"感到困惑：比如说，不要笑着禁止他们做某事，不要一边说可以一边又做出很生气的样子。

"宝宝兵":

"宝宝兵"还太小，管教起不到作用。1岁以内的"宝宝兵"还无法理解因果关系。

- "宝宝兵"的行为可能引起危险或者你不希望他做某些事时，要告诉他"不行"，并同时伴以摇手指等视觉提示，为以后的管教打下基础。
- 制止"宝宝兵"时一定要引导他玩另外的玩具或游戏，分散其注意力。
- "宝宝兵"表现好时要表扬他。
- "眼不见、心不烦"："宝宝兵"天生好奇。把不想让"宝宝兵"玩的东西都藏到他够不到的地方。确认家里不会有任何东西对宝宝造成威胁。更多这方面的信息和窍门，请参见第1章。

"机动士兵":

1~3岁的"机动士兵"可以更好地理解因果关系，但还没有逻辑思考能力。按照以下步骤可以为他们打好基础，促使其以后做出合乎逻辑的决定：

切记：

- 惩罚"机动士兵"时要保持冷静、客观。

- 语气要坚定、平静。

- 当你确实想说"不行"时才说"不行"。

- 惩罚方式要符合孩子年龄。具体建议请见下文。

切勿：

- 把惩罚当作发泄愤怒或不满的方式。

- 和"机动士兵"辩论或争论。"不行"就是"不行"（所以，确实不行时才说"不行"）。

- "机动士兵"表现不好时才关注他。

突击队员爸爸重要提示

面对要求，你很容易脱口而出"不行"——甚至对合理的要求也是如此。如果你一开始拒绝了孩子的要求，但过后又松口，那相当于告诉孩子"不行"有时候代表"可以"。这会让"机动士兵"感到困惑，也会影响你的管教。因此，当你确实想说"不行"时才说"不行"，并且要坚持到底。

管教方式不能单一。你得有一套逐渐升级的有效惩罚措施。以下建议供你参考。就算是最严厉的惩罚也绝不能打孩子。

打孩子是缺乏自律的表现，这种做法很不妥当。

- 如果你通过打孩子来"解决"冲突，那就是告诉孩子解决冲突要靠武力。这会导致他们无法培养思考、谅解、适应环境等重要生存技能。

- 战争升级会遇到问题。如果你都开始打孩子了，那更严重的情况你要怎么办？

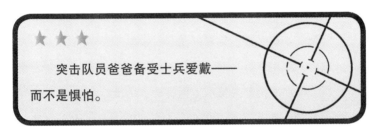

★ ★ ★

突击队员爸爸备受士兵爱戴——
而不是惧怕。

符合年龄的惩罚措施

设定一个你和"机动士兵"共用的提醒方式。捏手、严厉注视或是用手指着都是可以用来提醒"机动士兵"他的行为不妥，不能接受。

> **突击队员爸爸重要提示**
>
> 提高声音是管教孩子的一种手段。但如果你经常对"机动士兵"大声吼叫，这种方法就会失效了。

- 管教孩子的第一个武器是"眼神"——目光严厉、皱紧眉头。哪个年龄的"机动士兵"都能理解。

- 如果"机动士兵"的行为会给他自己或别人造成伤害，要立即带他们离开。

- 如果"机动士兵"和你没有目光接触，但你得立即阻止他正在做的事，要大喊"住手"或是"嘿"——或者任何其他简短的词。听到你突然提高声音，他会害怕并停下手里的事。如有必要，你可以在这时带他离开。

- ROP（限制优待）：告诉"机动士兵"，表现不好就要受惩罚，但注意措辞要采用正面管教。因此，不要说"淘气孩子不能去看爷爷"，可以说"爷爷想让乖孩子去看他，淘气的孩子得留在大本营"。

- 从3岁开始，"暂时隔离法"会成为一种有效的惩罚方式。所谓"暂时隔离"，是指把"机动士兵"带到固定地点后不予关注。对我的孩子来说，一个有用的窍门是按照"机动士兵"的年龄来决定隔离时间，即1岁1分钟。如果"机动士兵"没到规定时间就离开隔离点，需重新计算隔离时间。

★ ★ ★

突击队员爸爸针对不良行为提出建设性批评，但对事不对人。

突击队员爸爸重要提示

批评"机动士兵"时要针对他的不良行为,对事不对人。比如说,你可以说,"这种行为很自私",但不要说"你很自私"。"机动士兵"会依据你的意见来认识自己。小心使用这种权力。

谁都会犯错。管教孩子也不能避免。如果你觉得对孩子过于严苛了,一定要向"机动士兵"道歉。

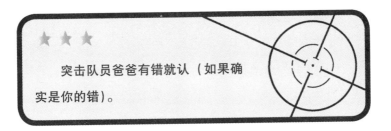

★ ★ ★

突击队员爸爸有错就认(如果确实是你的错)。

你得以身作则。如果你希望"机动士兵"犯错以后知道道歉,那你就得做好表率。尽管"机动士兵"年龄小,他们一样有各种情绪感受。面对衷心的道歉,他们的感受和你无异。即使孩子犯了错——你也进行了适当惩罚——你也不妨告诉他,你还是关心爱护他。不要让他带着情绪去睡觉。

你在帮老婆管教"机动士兵"的时候,你们一定要保持一致并采取相同的策略。如果管教孩子方面有任何薄弱环节（即有可能放松管教的大人），"机动士兵"准会发现并利用它。

突击队员爸爸重要提示

小分队内部一定要相处融洽才能避免"战斗疲劳"，即生活在争吵不断的环境里产生的疲惫感。"战斗疲劳"会影响士气并降低父母效率。有关士气的重要性，请参见第7章。

孩子发脾气怎么办

孩子大发脾气无异于在规范行为的过程中丢出了一颗手榴弹。"机动士兵"会难以控制地暴跳如雷、气急败坏。这些情绪会通过身体动作表现出来——比如腿脚乱蹬、胳膊乱晃、躺地上打滚、撞头、打人——再加上大喊大叫。1岁半到4岁甚至更大年龄的"机动士兵"都会出现这种状况。随着"机动士兵"逐渐长大，他们能用语言表达自己的需求以后，发脾气的次数会减少，脾气也会变小。

孩子发脾气是难免的。这是"机动士兵"处理愤怒和失望的方式——"机动士兵"还在学习如何应对愤怒和失望这类强烈的情绪。以下几种情形一般会引起孩子发脾气：

- 让"机动士兵"做他不想做的事。

- 不让"机动士兵"做他想做的事。
- 不给"机动士兵"他想要的东西。

如何避免孩子发脾气

学会识别"机动士兵"快要发脾气的迹象并采取规避动作。

切记：

- 以身作则。
- 学会识别"机动士兵"快要发脾气的迹象并采取规避动作。想办法分散其注意力。
- "机动士兵"表现好时要表扬。可以自己做一个奖励表。

切勿：

- 让"机动士兵"饿得厉害或过度疲劳和无聊。他们很可能会大发脾气。
- 生气。要保持冷静，控制局面。
- 说好话，让"机动士兵"配合。你得让他们知道你能控制局面。

突击队员爸爸重要提示

不要因为孩子发脾气就答应他的要求。否则，"机动士兵"会学会通过发脾气来得到自己想要的东西。

孩子发脾气怎么处理

遇到孩子发脾气或者马上就要发脾气的情况，最好的办法是分散他的注意力。"机动士兵"注意力持续时间很短。你可以利用这点。

分散孩子注意力的关键技巧：

- 逗逗他：短途外出时记得要带上一（小）袋能吸引孩子注意力的东西。你得有东西让他的手和脑都忙起来。我用过最有效的是橡皮泥。不过你用随便什么小玩具都行，比如拨浪鼓或者能挂在推车上的小书都可以。

- 角色扮演：突然变脸或是做点什么让"机动士兵"大吃一惊。我发现装哭——特别夸张地大哭——常常能逗乐"机动士兵"，让他心情好起来。你也试试看你的"机动士兵"会喜欢什么吧。

- 吸引注意力：找点其他事情，你们马上开始一起玩。

展开营救工作

"机动士兵"可能沦为自身情绪和行为的人质。他们完全不知道该如何停下这种局面或是如何补救。所以，你必须始终保持冷静，给他们找到出路。不要批评孩子。我发现，说一句"我们从头来吧"还是很管用的。而且，这样我就能一面发出搞笑的声音，一面假装重来一次。只要你给"机动士兵"一个选择的机会，他们还是很乐于接受的。

孩子已经暴发了怎么办

就算孩子已经大发雷霆，你也要以突击队员爸爸特有的冷静来处理。

切记：

- 保持冷静、控制好局面。如果是在大本营，把孩子带到一个安全的地方让他冷静一下。如果是在公共场合，带他们离开。
- 确保"机动士兵"的安全。

切勿：

- 把"机动士兵"丢在公共场合不管，对他的不良行为"不予理睬"。
- "机动士兵"发脾气时想要和他沟通。你得等他脾气过去才行。

余波

等"机动士兵"发完脾气以后，平静地和他聊一聊。态度要和善，对他表示谅解。但是，一定要告诉他，不管是在家里还是在公共场合，发脾气都不能接受。长远来看，处理孩子发脾气问题的最佳办法是设立明确的界限并坚持执行，从而让"机动士兵"知道，随便丢"脾气"手榴弹不起作用。

如果"机动士兵"发脾气的次数越来越多、脾气越来越大或是发脾气的时间越来越长，而且你很担心，请咨询医生。

如何处理公共场合的冲突

有时候，即使孩子们表现很好、没有吵闹，其他人可能也会讨厌你们。

在公共场合，你得：

- 经常评估局面：
  ○ 你是否有力地控制了局面并想办法确保孩子们表现良好，同时玩得开心？
  ○ 孩子们的声音是否控制在可接受的范围内？
- 如果以上任一问题的回答是"没有"或"不是"（而且没有孩子生病、出牙或过于疲劳等特殊情况），立即采取措施掌控局面，管好孩子。有关如何陪孩子玩，请参考第11章。
- 如果以上问题的回答都是"是"，那就不用管了。人们有时候就是不讲理。别理就是。遇到有人翻白眼或是咂嘴，尽可当作没看见。如果有人找你交涉，冷静地解释一下。不要因为别人的无礼行为而生气或激动。孩子们也会不高兴的。

突击队员爸爸不会搭理别人的闲言碎语。

- 不管什么情况，都不要为了取悦陌生人而失态地朝"机动士兵"吼叫。
- 如果"机动士兵"发现你更在意陌生人的感受，他们会"认识到"，对你来说，他还不如随便一个不讲理的陌生人重要。事实不是这样。
- 不要生气或对陌生人吼叫。要保持理性，讲道理。
- 孩子们会通过观察你来学习如何应对各种局面。要让他们——以及你自己——以你为荣。

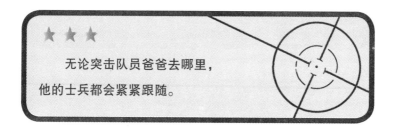

无论突击队员爸爸去哪里，他的士兵都会紧紧跟随。

内部纷争：如何处理你和"机动士兵"的争执

各种原因都会导致你和士兵之间出现冲突。

★ ★ ★
学会随机应变、适应环境、
克服困难。

- 深呼吸，保持冷静。如果你生气的话，就不能有效地解决
  冲突了。

- 问问"机动士兵"有什么意见。不要指望他能给你一个合
  理或理智的回答，他还没形成这些技能。你得逐渐教会他

这些技能。不妨从现在开始吧。

- 听"机动士兵"怎么说，做出认真听和理解他的样子。不要批评他的逻辑。对幼小的"机动士兵"来说，想要继续玩自己喜欢的游戏再正常不过了。

- 避免战况升级。不要和"机动士兵"争吵。你可是个精英爸爸，拿出点精英爸爸的派头吧。

- 承担责任。如果你也有错，要勇于承担责任。

- 如果"机动士兵"可能会有危险——比如说，在路边或是其他有危险的地方发脾气——立即把他们带离，再按照上面的步骤解决你们的冲突。

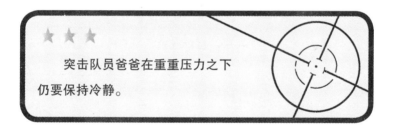

★ ★ ★

突击队员爸爸在重重压力之下仍要保持冷静。

"引信爆炸"时间差

　　很多因素会影响"引信爆炸"时间差，这个时间差是指从发生令你生气的事情（孩子的行为）到你开始生气的时间。这些因素包括劳累、饥饿和失望。一个主要原因是"同情心疲劳"——你一点儿也不愿意站在"机动士兵"的角度看问题。深呼吸，努力。如果有时候比平常炸得厉害（更生气），孩子们会感到困惑不安。记住，关键是要保持一致。看看是什么原因导致你的"炸药引线"变短（即生气原因），采取规避动作。

　　不要因为你的反应或反应过度而引发冲突。举例来说，如果"机动士兵"打碎了东西，你先问问自己，如果是客人打碎了东西你会怎么样。你应该像谅解客人一样谅解"机动士兵"。但是，如果"机动士兵"在别人家、超市或亲子班打碎了东西，应采取以下步骤：

- 立即承担责任并打扫干净。

- 主动赔偿或更换。

- 如果"机动士兵"已经能够理解礼貌的含义，带他向相关人员道歉。

- 如果你觉得有必要就这个事情和"机动士兵"进一步谈话，请在私下谈（但不要威胁孩子，不要说"等我回家收拾你"之类的话）。不要因为一点小错就在大庭广众之下训斥"机动士兵"，他们会觉得很丢脸。只有在"机动士兵"犯了严重错误的情况下才有必要在公共场合训斥他：
比如说跑到马路上、打架或是乱扔东西。

冲突的根本原因

- 沮丧：要学着体谅孩子。想想看，把你绑在椅子上，一个你没法交流的人用勺子喂你一些你可能喜欢也可能不喜欢的东西。这恐怕不是什么愉快的经历。
- 疲劳：千万不要低估睡不够的害处。你也要注意睡眠不足带来的负面影响。
- 生病：对待孩子要有同理心，尤其是他们生病的时候。
- 试图突破界限：试图冲破界限是成长过程中必经的阶段。这不是人身攻击。
- 饥饿：饿着肚子的"机动士兵"不可能高兴。要学会识别"机动士兵"的饥饿信号，定时开饭，随身带好小餐点。

你得判断哪些事情容易导致你家"机动士兵"发脾气，并采取相应措施来避免或是减轻发脾气的影响。记住：有时候是不存在"解决方案"的。你怎么处理都没用。如果遇到这种情况，保证孩子的安全，你自己保持冷静，挺过去就是。

本章用到的突击队员爸爸术语

大本营：家里。

战斗疲劳：生活在争吵不断的环境里产生的一种筋疲力尽、灰心丧气的感觉。

宝宝兵：婴儿士兵。不能自由行动的宝宝。

同情心疲劳：劳累一天后觉得自己同情心耗尽的感觉。努力吧。

炸药引线：用来引燃炸药的导火索。炸药引线短代表很容易就大发雷霆。

"引信爆炸"时间差：从发生令你生气的事情（孩子的行为）到你开始生气的时间。

机动士兵：能够挪步、爬行、站立和行走的幼儿。

ROP：限制优待。一种惩罚措施。

标准操作规程：必须始终按相同方式完成事务。

毕业典礼

祝贺你们，先生们。你们读完了这本基础培训手册。你们现在已经掌握突击队员爸爸的基本技能了。在本书开头，我提到过爸爸的角色介于英雄、榜样和保护者之间。我相信，本书中提供的信息和指导会对你们有所帮助，但是最终，是你们自己决定承担起这些角色。

在本书指导的基础上，通过大量实际经验，你们会对自身技能更加自信。

但是，请记住，精英部队需要不断地训练、磨砺并学习新技能。突击队员爸爸也一样。把这本书带在身边，经常看看吧。

以下是本手册中出现的突击队员爸爸守则。目的是提醒你一下你应该为之努力的精英标准。

突击队员爸爸要亲力亲为。

突击队员爸爸知道，只有充分准备和提前规划才能防止在照看宝宝时表现不佳。

突击队员爸爸高度重视自己的职责。

突击队员爸爸时刻备好行囊，随时听候调遣。

突击队员爸爸随机应变、适应性强，总能克服困难。

突击队员爸爸懂得以身作则。

突击队员爸爸时刻为士兵着想。

突击队员爸爸要让好习惯变成小分队的标准操作规程。

突击队员爸爸会定期评估自己的表现并做出相应调整。

突击队员爸爸不能控制自己的感受，但能控制自己的行为。

突击队员爸爸会全力以赴照顾队员。

突击队员爸爸在制定旅行计划时时刻以士兵的安全为第一要务。

突击队员爸爸知道，招待士兵，也就是陪孩子玩，最好的办法就是一心一意。

无论突击队员爸爸去哪里，他的士兵都会紧紧跟随。

突击队员爸爸知道，关键是要保持一致性。

突击队员爸爸备受士兵爱戴——而不是惧怕。

突击队员爸爸针对不良行为提出建设性批评，但对事不对人。

突击队员爸爸有错就认（如果确实是你的错）。

突击队员爸爸不会搭理别人的闲言碎语。

突击队员爸爸在重重压力之下仍要保持冷静。

最后要说的是，我本身也还是一个正在受训的突击队员爸爸。如果你有任何经验或建议能帮到我，请到网站 www.commandodad.com 与我和其他爸爸们分享。

解散，突击队员爸爸们。

术语表

无故离队：未请假外出。指孩子在没得到允许的情况下离开
饭桌。

宝宝兵：婴儿士兵。不能自由行动的宝宝。

大本营：家里。

大本营管理：做家务。

基础救生包：用来装日常必需品的包。

战斗疲劳：生活在争吵不断的环境里产生的一种筋疲力尽、灰
心丧气的感觉。

慢条斯理：做事情很慢。本书中指"机动士兵"走路很慢。

拆弹：每晚将脏尿裤扔到外面的垃圾桶。

同情心疲劳：劳累一天后觉得自己同情心耗尽的感觉。努力吧。

户外厨房：厨房。

炸药引线：用来引燃炸药的导火索。炸药引线短代表很容易就
大发雷霆。

"引信爆炸"时间差：从发生令你生气的事情（孩子的行为）到

你开始生气的时间。

储物间：大本营内用于存放必需品的场所。

榴弹炮：一种用相对较少的炸药以相对较高的弹道发射炮
弹的武器。书中指纸尿裤里的爆炸性内容物。

餐具：刀叉和勺子。

短途任务：离开大本营，短距离外出。

长期重大任务：度假。

中期任务：离开大本营较长时间，例如坐车、坐火车或坐
飞机。

机动士兵：能够挪步、爬行、站立和行走的幼儿。

便装：非制服类的衣服。

夜间任务：熄灯后进行的活动。

枪支走火：无意间发射枪支。书中指"宝宝兵"可能在撤掉
纸尿裤的瞬间尿尿或大便。

拂晓时分：指早上很早的时候。

无休止地发送要求："机动士兵"不停地跟你说话，好像不需要
停顿或者喘气。

打理自己：洗澡、刮胡子、洗头。

侦察：为获取消息而采取的行动。

小憩：休息。

起床号：叫人起床的号声。书中指早上的惯常程序。

ROP：限制优待。一种惩罚措施。

休整：休息和恢复。

无声运行：正常运转，但不发出声音或几乎不发出声音（潜水艇用语）。书中指家里有小宝宝兵时安静的状态。

短途外出：短时间离开大本营。

准备停当：所有东西都准备好、放在合适的地方。

标准操作规程：必须始终按相同方式完成事务。

感应爆炸：由附近爆炸无意间引起的爆炸。书中指由你引发的一连串情绪反应。

小分队：家人。

刷新知识储备：清楚了解所有相关信息以及待完成的任务和行动。

寿终正寝：因损坏或不符合要求而无法使用。

长途行军：活动剧烈的远距离步行。

负重野外行军：活动剧烈的长途步行。